VERSTÄNDLICHE WISSENSCHAFT

SIEBENUNDDREISSIGSTER BAND

KLEINE ERDBEBENKUNDE

VON

KARL JUNG

SPRINGER-VERLAG
BERLIN · GÖTTINGEN · HEIDELBERG
1953

KLEINE ERDBEBENKUNDE

VON

DR. KARL JUNG

O. PROF. Z. WV.
APL. PROF. AN DER BERGAKADEMIE CLAUSTHAL
LEHRBEAUFTRAGTER AN DER UNIVERSITÄT KIEL

ZWEITE VERBESSERTE AUFLAGE
6.-11. TAUSEND

MIT 101 ABBILDUNGEN

SPRINGER-VERLAG

BERLIN · GÖTTINGEN · HEIDELBERG

1953

Herausgeber der Naturwissenschaftlichen Reihe:
Prof. Dr. Karl von Frisch, München

ISBN-13: 978-3-642-87170-2   e-ISBN-13: 978-3-642-87169-6
DOI:10.1007/978-3-642-87169-6

Brühlsche Universitätsdruckerei Gießen

Inhaltsverzeichnis

Erdbeben und ihre Bedeutung für Wissenschaft und Praxis

Kaum eine andere Naturerscheinung ist so unheimlich wie ein Erdbeben, sei es, daß nur ein leichtes Zittern das Walten verborgener Kräfte verrät oder auf heftig zuckendem Boden alles Menschenwerk zerfällt. Starke Erdbeben in dicht besiedelten Gegenden gehören zu den schwersten Naturkatastrophen, die man kennt. Zahlreiche Beben haben Hunderte und Tausende von Menschenleben gefordert, in einigen Fällen hat man über 100000 Tote und Verwundete gezählt. Der Sachschaden eines einzigen Bebens kann den Wohlstand eines blühenden Landes vernichten und kommt bisweilen den Kosten eines Krieges gleich.

Wenig Naturvorgänge geben Anlaß zu so vielseitigen Forschungen wie die Erdbeben. In den Kulturländern, die von zerstörenden Beben häufiger heimgesucht werden, steht naturgemäß das Bestreben im Vordergrund, die zerstörenden Wirkungen möglichst herabzumindern. Hier arbeiten Geophysiker und Geologen Hand in Hand, die Ursachen, die Natur und die zerstörenden Kräfte der Erdbeben zu erforschen, die Erschütterungszentren aufzufinden und einen Einblick in die zeitliche Folge der Erdbeben zu gewinnen. Besonders wichtig ist auch die Aufklärung der Beziehungen, die zwischen der Art des Untergrundes und der Bebenstärke bestehen. Sie geben dem Ingenieur wichtige Grundlagen für den Bau erdbebensicherer Gebäude, erdbebensicherer Wasser- und Gasversorgung und für möglichst erdbebensichere Städteplanung.

Erdbeben entstehen im Innern der Erde. Sie geben Kunde aus solchen Tiefen, die der geologischen Beobachtung unzugänglich sind und von denen auch die gedankenkühnste wissenschaftliche Kombination nur ganz unsichere Vorstellungen zu geben vermag. Erdbeben sind die einzigen Naturerscheinungen der Tiefe, deren Sitz mit einiger Genauigkeit bestimmt werden kann, und daher für die Erforschung des Erdinneren von grundlegender Bedeutung.

Der Bebenstoß pflanzt sich vom Herd aus nach allen Seiten wellenartig fort und breitet sich durch die ganze Erde aus. Ist ein Beben stark genug, so kann es mit empfindlichen, fein gebauten Instrumenten überall an der Erdoberfläche aufgezeichnet werden, und es gelingt, seine Ausbreitung genau zu verfolgen. Jede Unregelmäßigkeit im Aufbau der Erde gibt sich in Unregelmäßigkeiten der Erdbebenfortpflanzung kund. Erdbebenwellen sind die „Röntgenstrahlen" des Geophysikers. Wie die Röntgenstrahlen den menschlichen Körper durchleuchten, so durchdringen die Erdbebenwellen die feste Erde; und wie der Arzt von dem Röntgenbild den Bau des Menschenkörpers abliest, so erforscht der Geophysiker aus der Erdbebenfortpflanzung den Aufbau und die Schichtung der Erde.

Dieser Zweig der Erdbebenforschung ist noch jung. Er hat sich erst etwa zu Beginn dieses Jahrhunderts entwickelt, als die technischen Schwierigkeiten der Fernbebenaufzeichnung im wesentlichen überwunden waren und eine größere Zahl von Erdbebenwarten laufend in Betrieb kam. Großen Anteil an dieser Entwicklung haben auch deutsche Forscher, besonders *E. Wiechert*, der frühere Direktor des Geophysikalischen Institutes in Göttingen. Auf den vorliegenden Erfahrungen aufbauend hat er mit seinen Instrumenten lesbare Aufzeichnungen erhalten, die den ganzen Verlauf eines Erdbebens wiedergeben und es ermöglichen, die zeitliche Folge und die Größe der Bodenbewegung in allen Einzelheiten zu bestimmen. Seine Erdbebenapparate sind auf der ganzen Erde verbreitet. Mit seinen Schülern hat er die wissenschaftliche Auswertung der Erdbebenaufzeichnungen begonnen und in etwa einem Jahrzehnt so weit durchgeführt, daß die folgende Zeit wohl manches zu seinen Ergebnissen hinzufügen konnte, die Grundlagen aber nicht zu ändern brauchte.

Erdbebenwellen aus fernem Herd haben die Tiefe der Erde durchlaufen und sind von den Unregelmäßigkeiten der Gesteinsrinde verhältnismäßig wenig beeinflußt. Nahbebenwellen dagegen sind nur in die oberen Schichten eingedrungen, und das Aussehen der Nahbebenaufzeichnungen hängt wesentlich von der Herdlage und dem Aufbau der Gesteinsrinde ab. So sind die Fernbeben zur Erforschung des tiefen Erdinneren geeignet, die Nahbeben zur Erforschung der Gesteinsrinde.

Die Methoden der Nahbebenforschung werden in noch kleinerem Maßstab auf die bergmännisch wichtigen obersten Schichten der Erdkruste übertragen. Nur kann man jetzt nicht mehr auf natürliche Erdbeben warten. Man muß an geeignetem Ort zu gewählter Zeit durch Sprengung einer kleinen Explosivmasse ein künstliches Erdbeben erzeugen und seine Ausbreitung mit tragbaren Erschütterungsmessern verfolgen. Diesen Gedanken hat *L. Mintrop*, ein Schüler *Wiecherts*, in die Praxis umgesetzt, und es hat sich eine wirtschaftlich bedeutende „angewandte Erdbebenkunde" entwickelt, deren Nutzen bei der Suche nach Bodenschätzen von Jahr zu Jahr wächst. Auch hat man künstlich hervorgerufene regelmäßige Bodenschwingungen bei der Baugrunduntersuchung mit großem Vorteil verwendet.

In Übertragung der künstlichen Erdbeben auf das Weltmeer bestimmt man die Wassertiefe schnell und einfach mit dem Echolot, und eine Übertragung der Fernbebenforschung ist die Untersuchung der hohen Atmosphäre mit Explosions-Schallwellen.

Ihrer Vielseitigkeit wegen ist die Erdbebenkunde eine der reizvollsten Wissenschaften von der Erde. Die Probleme der tiefen Erde locken den reinen Forschungsdrang, der Instrumentenbau reizt den Erfinder, das Streben nach Erdbebensicherheit spornt den Baufachmann zu reger Tätigkeit an, und die künstlichen Erdbeben befähigen den Bergmann, die Schätze der Erde schneller zu finden und zu heben. So wird die Erdbebenkunde auch denjenigen befriedigen, dem erst nach erfolgreicher praktischer Anwendung die Aufgabe wissenschaftlicher Arbeit erfüllt erscheint.

Man soll aber nicht vergessen, daß die großen praktischen Erfolge erst nach gründlicher wissenschaftlicher Vorbereitung möglich waren und daß der praktische Geophysiker auch heute noch seine Arbeitsmethoden nur weiterentwickeln kann, wenn ihm der Wissenschaftler das Rüstzeug hierfür in die Hand gibt. Es ist ein schwerer Fehler, einen wissenschaftlichen Zweig der Naturforschung zu vernachlässigen, weil er im Augenblick keine praktische Anwendung findet. Damit nimmt man sich die Möglichkeit späterer wirtschaftlicher Erfolge.

In den folgenden Kapiteln soll ein Überblick über den heutigen Stand der Erdbebenforschung und ihrer Anwendungen gegeben

werden, soweit eine allgemeinverständliche Darstellung möglich
ist. Der knappe Raum verbietet große Ausführlichkeit, und es
wird der Leser bisweilen den Wunsch haben, sich genauer über
einzelne Fragen zu unterrichten. Hierzu soll ihm das Literaturverzeichnis ein Wegweiser sein.

Die Forschung steht nicht still, nicht jedes Problem ist gelöst.
Die nächste Zeit schon kann Ergebnisse und Entdeckungen bringen, die zur Umgestaltung der heutigen Vorstellungen zwingen.
Über manche Fragen gehen die Ansichten verschiedener Forscher
weit auseinander, und es ist oft nicht möglich, sich für die eine
oder die andere zu entscheiden. In solchen Fällen wird der Leser
eine gewisse Unsicherheit empfinden, die ihm nicht erspart werden
kann. Hier gibt die Natur noch Rätsel auf, hier ist das Gebiet
künftiger Forschung.

Grundbegriffe der Erdbebenkunde

Erdbeben sind natürliche Erschütterungen der festen Erde, die
von einem im Erdinnern gelegenen Ursprung ausgehen und sich
durch und über die Erde verbreiten. Sie entstehen, wenn gespannte Energien in der Erde plötzlich frei werden.

Nicht alle Bodenerschütterungen sind Erdbeben. Verkehrs-,
Industrie- und Arbeitsunruhe haben mit Erdbeben nichts zu tun.
Auch die immer vorhandene natürliche *Bodenunruhe*, wie sie von
Meereswellen, Brandung und Wind hervorgerufen wird, kann
man nicht als Erdbeben bezeichnen. Diese Bewegungen treten
sogar störend auf und sind auf manchen Erdbebenstationen stark
genug, den Einsatz vieler Beben undeutlich zu machen und zu
verdecken. Jedoch ist die natürliche Bodenunruhe für die geologische Forschung nicht ohne Bedeutung.

Schwieriger ist die Frage, ob man einige seltene Erscheinungen
wie die Erschütterungen von großen Explosionen und von
Meteoritenfällen zu den Erdbeben rechnen soll, da zwar die Ursache eine andere, die Ausbreitung der Bodenbewegung aber die
gleiche wie bei Erdbeben ist. Im allgemeinen werden solche
Fälle *erdbebenartig* genannt und in der wissenschaftlichen Forschung wie Erdbeben behandelt.

Die Ausbreitung der Erdbeben geht wellenartig vonstatten, vergleichbar mit den bekannten Wellenringen, die den Aufschlagsort

4

eines in Wasser gefallenen Steines oder Regentropfens umgeben. Physikalisch ist eine Art der Erdbebenbewegung den Schallwellen gleich. Man ist also berechtigt, von *Erdbebenwellen* zu reden und die Gesetze der Wellenausbreitung auf Erdbebenstöße anzuwenden.

Der Beginn eines Bebens, besonders in der Nähe des Ursprungs, ist meist stoßförmig; später treten regelmäßige Wellen auf. Bei diesen schwingen die einzelnen Bodenteilchen regelmäßig auf und ab oder hin und her[1]. Bekannt sind die Ausdrücke *Ruhelage*, *Wellenberg (Maximum)*, *Wellental (Minimum)*. Die Höhe des Wellenberges oder die Tiefe des Wellentales, von der Ruhelage aus gemessen, heißt *Schwingungsweite (Amplitude)*, die gesamte Schwingungsweite von der Höhe des Wellenberges bis zur Tiefe des Wellentales wird *Doppelamplitude* genannt. Die Welle schreitet in der *Fortpflanzungsrichtung* mit der *Fortpflanzungsgeschwindigkeit* weiter. *Wellenlänge* ist der in der Fortpflanzungsrichtung gemessene Abstand von Wellenberg zu Wellenberg oder von Wellental zu Wellental. *Schwingungsdauer (Periode)* nennt man die Zeit, in der die Welle um eine Wellenlänge fortschreitet. Sie ist gleich der Dauer einer Hin- und Herschwingung des Bodenteilchens.

Der in der Tiefe gelegene Ursprung eines Erdbebens heißt *Herd* und wird mit wissenschaftlichem Fachausdruck *Hypozentrum* genannt. Über ihm, an der Erdoberfläche, liegt das *Epizentrum*[2]. Das *Schüttergebiet* reicht so weit, wie das Erdbeben ohne instrumentelle Hilfsmittel wahrgenommen werden kann, und umgibt in den meisten Fällen das Epizentrum. Das *Registriergebiet*, der Bereich der instrumentellen Wahrnehmbarkeit, umfaßt bei starken Beben die ganze Erde. Mit *Herdgebiet* wird oft das Schüttergebiet, oft auch nur der Teil des Schüttergebietes bezeichnet, der Anzeichen des Erdbebenursprungs enthält. Wenn keine Verwechslung möglich ist, wird der kurze Ausdruck Herd auch gleichbedeutend mit Epizentrum gebraucht.

Die ganze Einrichtung zur instrumentellen Aufzeichnung von Erdbeben wird *Erdbebenstation* genannt. Größere Erdbebenstationen mit ortsfest aufgestellten Instrumenten heißen *Erdbebenwarten*. Der längs der Erdoberfläche gemessene Abstand einer Station oder eines Beobachtungsortes vom Epizentrum wird mit

---

[1] Nach der mathematischen Darstellung *Sinusschwingung* genannt.

[2] Hypo (griech.) = unter, epi (griech.) = über.

Herdentfernung bezeichnet. Die Tiefe des Hypozentrums heißt *Herdtiefe*. Die Herdentfernung wird in Kilometern (km) oder Winkelgraden (°) gemessen, wobei $^1/_4$ Erdumfang = 10000 km = 90°, also 1° = 111,1 km. Die Herdtiefe gibt man in Kilometern, bisweilen in Bruchteilen (meist Hundertsteln) des Erdradius an. Der Erdradius, die Tiefe des Mittelpunktes der Erdkugel, beträgt 6371 km; die größte mögliche Herdentfernung, $^1/_2$ Erdumfang, ist 20000 km. Die meisten Erdbebenherde liegen noch nicht 100 km tief; die größte bis jetzt festgestellte Herdtiefe beträgt etwa 700 km.

Nach der geographischen Lage des Herdes unterscheidet man *Land-* und *Seebeben*. Nach der Herdentfernung werden *Ortsbeben (Lokalbeben)*, *Nahbeben*, *Fernbeben* und *weite Fernbeben* unterschieden. Bei Ortsbeben liegt der Beobachtungsort im Schüttergebiet, bei Nahbeben weniger als etwa 1000 km, bei Fernbeben bis rund 10000 km, bei weiten Fernbeben noch weiter vom Herd entfernt.

Ihrer Stärke nach teilt man die Erdbeben in *Kleinbeben*, *Mittelbeben*, *Großbeben* und *Weltbeben* ein. Die stärksten Beben werden auf der ganzen Erde aufgezeichnet.

Nach der Herdtiefe sind *oberflächennahe* oder *normale Erdbeben* und *tiefe Erdbeben* zu unterscheiden. Die tiefen Erdbeben, deren Herd mehr als 70 km unter der Erdoberfläche liegt, sind erst vor etwa 30 Jahren entdeckt worden und werden eifrig untersucht. Ihre Natur und ihre Ursachen sind noch nicht ganz geklärt. Sie bilden eines der interessantesten und aussichtsreichsten Probleme der neueren Erdbebenforschung.

Über die Ursachen der Erdbeben wird später noch genaueres zu sagen sein. Hier sei nur bemerkt, daß man bei den normalen Erdbeben *Ausbruchsbeben (vulkanische Beben)*, *Einsturzbeben* und *tektonische Beben (Gebirgsbildungsbeben)* kennt. Von diesen sind die tektonischen Beben bei weitem am bedeutendsten. Entgegen einer bei Laien viel verbreiteten Ansicht spielen vulkanische Beben nur eine geringe Rolle.

Die Wissenschaft von den Erdbeben wird *Seismik*[1] genannt. Alles was mit Erdbeben zusammenhängt, ist *seismisch*. *Makroseismik*[2] ist die ohne Erdbebeninstrumente betriebene Untersuchung

---

[1] Seismos (griech.) = Erdbeben.
[2] Makros (griech.) = groß.

6

des Schüttergebietes; die *Mikroseismik*[1] befaßt sich mit den Erdbebenaufzeichnungen. Erdbebenaufzeichnende Apparate heißen
Seismographen[2], ihre Aufzeichnungen *Seismogramme*.

Die Zeit zwischen dem Bebenvorgang im Herd und der Ankunft eines Erdbebenstoßes am Beobachtungsort wird *Laufzeit*
genannt. Die Laufzeit wächst mit der Herdentfernung. Eine gra-
phische oder tabellarische Darstellung der Laufzeit in Abhängigkeit von der Herdentfernung, also eine Art Erdbebenfahrplan,
wird mit *Laufzeitkurve* bezeichnet. Von den Laufzeitkurven wird
noch viel die Rede sein. Auf ihnen baut man die Erforschung des
Erdinneren auf.

Die Vorgänge im Schüttergebiet
Erdbebenerscheinungen im Gelände

Aus den Aufzeichnungen des großen japanischen Bebens vom
1. September 1923 hat man festgestellt, daß die Bodenbewegung
in Mitteleuropa, etwa 9000 km vom Herd entfernt, noch eine Ge-
samtschwingungsweite (Doppelamplitude) von über $1/2$ cm hatte.
Bei einem anderen japanischen Erdbeben, dem Sanriku-Beben
vom 2. März 1933, hat die Bodenbewegung in Mitteleuropa sogar
Beträge von mehr als 2 cm erreicht. Hierbei handelt es sich um
sehr langsame Schwingungen. Ihre Schwingungsdauer betrug
etwa 30 bis 45 Sekunden, ihre Fortpflanzungsgeschwindigkeit
etwa 4 km/sec[3], ihre Wellenlänge also 120 bis 180 km. Bei solchen
Bewegungen schwingen weite Bezirke, etwa die ganze Stadt Berlin, in gleicher Weise ruhig hin und her, und es leuchtet ein, daß
diese Bewegungen weder sichtbar noch fühlbar sind und nur mit
geeignet gebauten Instrumenten aufgenommen werden können.

Ein Bebenvorgang, der in der Entfernung eines Viertel Erd-
umfanges noch zentimetergroße Bodenbewegungen hervorruft,
muß im Herd gewaltige Wirkungen haben. Dies war auch bei
den genannten Beben der Fall. Am 1. September 1923 wurden
die Großstädte Tokio und Yokohama zerstört, und bei dem Seebeben vom 2. März 1933 haben seismische Wogen weite Strecken
der japanischen Ostküste in der Landschaft Sanriku verwüstet.

---

[1] Mikros (griech.) = klein.
[2] Grapho (griech.) = (ich) schreibe.
[3] Kilometer pro Sekunde.

Im Herdgebiet herrschen kurzperiodische Schwingungen mit Schwingungsdauern von 1 bis 2 Sekunden oder noch kürzere Schwingungen vor. So hatte der Hauptstoß des japanischen Erdbebens vom 1. September 1923 in Tokio eine Periode von 1,35 Sekunden. Solche Bewegungen rütteln und lockern den Erdboden und verursachen gefährliche Gebäudeschwingungen, die in schweren Fällen zu Zerstörungen führen.

Dabei ist die Schwingungsweite in Herdnähe im Vergleich zu der in weiter Ferne gemessenen oft gar nicht so übermäßig groß. Der Hauptstoß des genannten Tokio-Bebens hatte nach den Aufzeichnungen des dortigen Erdbebeninstitutes eine Doppelamplitude von 8,9 cm; und *A. Imamura*, ein bekannter japanischer Erdbebenforscher, schätzt nach eigenen Beobachtungen die Doppelamplitude der nachfolgenden Schwingungen auf 20 cm, also nur etwa das 40fache der in Mitteleuropa aufgezeichneten Bewegung.

Bei Schwingungsweiten von einigen Zentimetern, höchstens wenigen Dezimetern, haben diese Wellen eine Länge von rund $^1/_2$ km. Sie sind also sehr flach und können nicht sichtbar sein. Anders, wenn lockerer und durchfeuchteter Untergrund von den Erdbebenstößen aufgelockert und zu selbständigen Schwingungen angeregt wird, die sich nach eigenen Gesetzen ähnlich wie Wasserwellen ausbreiten. Dann können sichtbare Bodenbewegungen auftreten. Man hat beobachtet, wie solche Wellen von etwa 30 cm Höhe und 10 m Länge aus verschiedenen Richtungen kamen und sich langsam, etwas schneller als ein Fußgänger, fortbewegt haben.

Auch in ausgesprochenen Erdbebengebieten sind so starke Bodenbewegungen verhältnismäßig selten. So hat man im Zentral-Meteorologischen Observatorium, Tokio, unter 366 Erdbebenaufzeichnungen nur 7 Fälle gefunden, in denen eine Bodenbewegung von mehr als 6 mm vorkam; in 50% der untersuchten Fälle wurden selbst 0,5 mm nicht erreicht.

Die ersten Schwingungen eines Erdbebens lassen sich mit den Schwingungen einer angeschlagenen Glocke vergleichen und sind hörbar, wenn ihre Schwingungsdauer kurz genug, kleiner als etwa $^1/_{20}$ Sekunde ist. Solche Erdbebenwellen kommen vor. Es kann aber auch sein, daß die ankommende, an sich langsamer schwingende Erdbebenbewegung große Gesteinsschollen und

Felsblöcke gegeneinander in Bewegung setzt und die Reibung in den Klüften die hörbaren Schallwellen erzeugt, die sich mit denen einer angestrichenen Violinsaite vergleichen lassen. Bei schwachen Erdbeben kann der Schall hörbar sein, ohne daß man das Zittern spürt.

Der Ablauf der Erdbebenerscheinungen ist außerordentlich vielseitig, und man kann wohl sagen, daß kein Erdbeben dem anderen gleich ist. Im allgemeinen tritt bei mäßig starken Beben die folgende Erscheinungsfolge auf.

Zuerst der Erdbebenschall, sehr tief, nahe an der Hörbarkeitsgrenze, so daß er nicht von allen Menschen gehört wird. Er geht über in kurze Schwingungen (4 bis 5 in der Sekunde), ähnlich den Erschütterungen eines schwer beladenen Wagens auf holperigem Pflaster. Einige Sekunden später treten längere Schwingungen mit größerer Schwingungsweite auf, ihre Schwingungsdauer beträgt $^1/_2$ bis 1 Sekunde. Nach bisweilen mehrmaligem An- und Abschwellen dieser Bewegung läßt das Beben bis zur Unfühlbarkeit nach. Der Schall kann noch einige Sekunden länger hörbar sein.

Häufig kommt es vor, daß mehrere Beben einander im Abstand einiger Sekunden folgen. Dann gehen die einzelnen Erscheinungen weniger scharf getrennt ineinander über, und die Erschütterungen dauern entsprechend länger. Je nach der Zahl der Einzelstöße, der Bebenstärke und der Herdentfernung dauert das ganze Beben von etwa 10 Sekunden bis zu 3 oder 4 Minuten. Ungeschulte Beobachter geben infolge der Erlebnisfülle meist eine zu lange Bebendauer an.

Vom Herd gehen verschiedene Arten von Erdbebenwellen auf verschiedenen Wegen mit verschiedener Geschwindigkeit aus. Sie werden in größerer Herdentfernung als mehr oder weniger deutlich getrennte Einsätze aufgenommen. Der zeitliche Abstand dieser Einsätze wächst mit der Herdentfernung. Die Aufzeichnung eines weiten Fernbebens dauert einige Stunden, während der Vorgang im Herd nur wenige Sekunden anhält.

Die oft recht scharfen ersten Einsätze in den Fernbebenaufzeichnungen erlauben es, bei ihrer Bearbeitung das Herdgebiet als klein, vielfach punktförmig anzunehmen. Dem scheint die Feststellung ausgedehnter Herdwirkungen, besonders langgestreckter

Herde längs geologisch bekannter Spalten- und Verwerfungssysteme zu widersprechen. Der Widerspruch löst sich, wenn man annimmt, daß das Beben nicht augenblicklich den ganzen Herd erfaßt, sondern an einer begrenzten Stelle im Herdgebiet beginnt und die von hier ausgehenden Erdbebenwellen den Bebenvorgang im übrigen Herdgebiet erst anregen.

Auf dem Weg vom Herd zum Beobachtungsort wird die Bebenbewegung in vielfältiger Weise verändert. Die Gesteinskruste der Erde ist kein einheitliches, starres Gebilde. Sie ist aus zahlreichen, sehr verschiedenartig gestalteten „Schollen" oder „Blöcken" wie ein Riesenmosaik zusammengesetzt. Ihre Bestandteile können einzeln oder im Verband mehr oder weniger selbständig schwingen. Der ankommende Erdbebenstoß regt sie an, und die Gesamtheit ihrer Schwingungen wird als Erdbeben beobachtet. Ist der Felsuntergrund von lockeren, sandigen und wasserdurchfeuchteten Schichten bedeckt, so können diese je nach ihrer Mächtigkeit und ihrer Zusammensetzung das Beben abschwächen oder verstärken. Für die Schädlichkeit eines Erdbebens ist dieser Untergrundeinfluß maßgebend.

Im Herdgebiet treten bisweilen große Veränderungen der oberen Erdschichten auf.

Gleichzeitig mit den Erdbeben kommen Verlagerungen oft gewaltiger Erdkrustenschollen vor. In den meisten Fällen bleiben sie in der Tiefe verborgen. Reicht aber der Herd bis zur Erdoberfläche, so werden *Blockverschiebungen* sichtbar, bei denen ganze Landesteile längs einer meist nahezu senkrechten *Verwerfungsfläche* gegeneinander verschoben sind. Die Verschiebung kann in senkrechter oder in waagerechter Richtung oder zugleich senkrecht und waagerecht vor sich gehen. Auch sind Kippungen der Erdkrustenschollen häufig. Ein hervorragendes Beispiel ist die bekannte Verwerfung im Neo-Tal (Japan), die sich bei dem Mino-Owari-Beben am 28. Oktober 1891 gebildet hat (Abb. 1). An den früher durchlaufenden, jetzt unterbrochenen Wegen ist die Verschiebung deutlich zu erkennen. Mehrere solcher Verwerfungen, allerdings nicht überall so ausgeprägt, durchzogen staffelförmig die japanische Hauptinsel von der Ise-Bai im Süden bis zur Japanischen See im Norden. Die Länge des Verwerfungssystems betrug über 100 km. Das kalifornische Beben (San Franzisko-

Beben) vom 18. April 1906 hat sich beim Wiederaufleben der
San Andreas-Verwerfung ereignet, die sich über 400 km weit teils
auf dem Land, teils unter der See längs der kalifornischen Küste

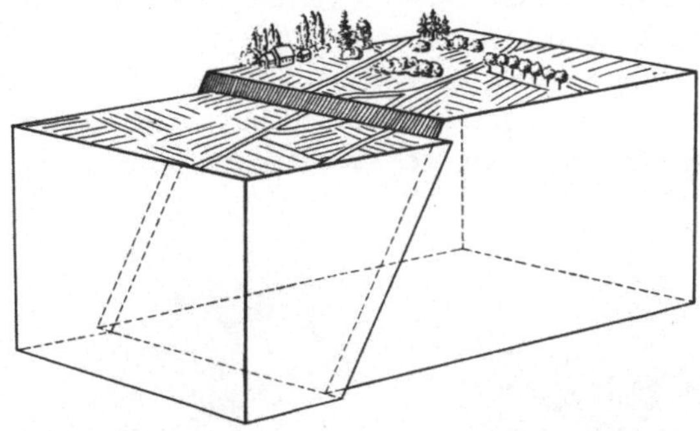

Abb. 1. Mino-Owari-Beben (Japan) vom 28. Oktober 1891. Verwerfung bei Midori, Neo-Tal. Nach einer Aufnahme von *B. Koto*. Senkung der vorderen Scholle 6 m, seitliche Verschiebung 2 m. Länge der
Verwerfung 112 km.

Abb. 2. Kalifornisches Beben vom 18. April 1906. 800 m nordwest-
lich von Woodville, Blick nach Nordosten. Die Hauptverwerfung
trennt eine Einfriedung, deren Teile vor dem Beben zusammenhingen.
Versetzung 2,6 m. *G. K. Gilbert, phot.*

verfolgen läßt (Abb. 17, S. 41). Hier kamen waagerechte Verschiebungen von mehr als 7 m vor, während die senkrechten Verlagerungen erheblich kleiner blieben. Sehr eindrucksvoll zeigt Abb. 2, wie die Hauptverwerfung einen ursprünglich zusammenhängenden Lattenzaun trennt.

Landhebungen und -senkungen sind in Erdbebengebieten häufig. Unter günstigen Umständen sind sie an Änderungen des Wasserstandes von Seen, des Gefälles von Flüssen, am Grund-

Abb. 3. Großes Tango-Beben (Japan) vom 7. März 1927. Um 80 cm gehobene Küste bei Yûhimmato. Nach *A. Imamura*.

wasserspiegel und besonders deutlich an den Meeresküsten erkennbar. Abb. 3 zeigt eine Küstenhebung bei Yûhimmato an der Japanischen See, die sich während des großen Tango-Bebens am 7. März 1927 ereignet hat. Das gehobene Land ist als heller Streifen von abgewaschenem Gestein zu sehen[1].

Nach dem großen japanischen Beben vom 1. September 1923[2], dessen Herd in der Sagami-Bai, etwa 100 km südwestlich von Tokio lag, hat man genaue Höhenmessungen im ausgedehnten Schüttergebiet vorgenommen und mit älteren Höhenmessungen verglichen (Abb. 4). Sie zeigen augenfällig eine Kippung nördlich

---

[1] Ein ähnliches Beispiel von der Insel Kreta findet sich bei *W. von Seidlitz*, Der Bau der Erde, Verständl. Wissenschaft Bd. 17, S. 89.

[2] Auch Kwanto-Beben, Sagami-Beben, Tokio-Beben genannt.

der Sagami-Bai an, wobei sich der Küstenstreifen um etwa $1\frac{1}{2}$ m gehoben, das weiter nördlich gelegene Land um rund die Hälfte gesenkt hat. Es kamen auch örtlich begrenzte stärkere Hebungen vor.

Während sich die Höhenänderungen in den üblichen Grenzen von einigen Metern hielten, ergaben neue Lotungen in der

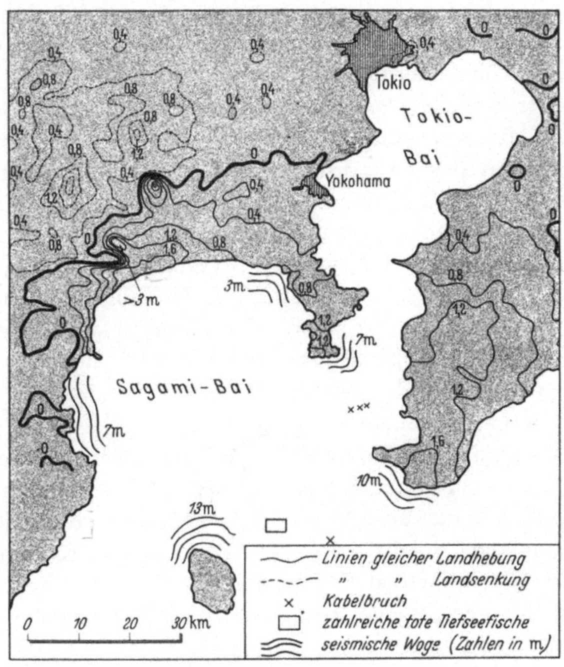

Abb. 4. Großes japanisches Beben vom 1. September 1923. Hebungen und Senkungen, seismische Wogen.

Sagami-Bai, daß sich seit Ausführung der letzten Tiefenbestimmungen der Meeresgrund in weitem Gebiet über 100 m, stellenweise über 200 m gehoben oder gesenkt hat. Es sind Zweifel laut geworden, ob dieses Ergebnis zuverlässig ist. Der Boden der Sagami-Bai ist sehr vielgestaltig, und es können Höhenänderungen vorgetäuscht werden, wenn man bei der neuen Lotung den Ort der alten Lotung nicht genau genug wiedergefunden hat. Von sachverständiger Seite jedoch wird bestritten, daß sich das ganze

Ergebnis auf diese Weise erklären läßt. Man wird also mit der Möglichkeit sehr großer Veränderungen am Boden der Sagami-Bai rechnen müssen. Ihre Ursache ist noch nicht aufgeklärt. Sicher ist jedoch, daß sie nicht allein während des Erdbebens entstanden sein können. Seismische Wogen von bisher noch nie gesehener Gewalt hätten alle benachbarten Küsten verheeren müssen. Es kamen wohl seismische Wogen vor. Sie haben aber nur stellenweise eine Höhe von 10 m erreicht und sind nirgends in außergewöhnlicher Größe aufgetreten.

Weniger auffällig als die von Erdbeben begleiteten plötzlichen „akuten" Blockverschiebungen gehen langsame „chronische" Verbiegungen der Erdkruste in Erdbebenländern ständig vor sich. Sie können an Änderungen des Pegelstandes an den Meeresküsten erkannt und mit wiederholten genauen Höhenmessungen und Landesvermessungen verfolgt werden. So hat man festgestellt, daß die San Andreas-Verwerfung in Kalifornien nach dem Erdbeben von 1906 nicht zur Ruhe gekommen war, sondern die Horizontalverschiebung sich mit einer Geschwindigkeit von 5 cm im Jahr noch lange Zeit nachher fortgesetzt hat.

In Japan hat man mehrfach beobachtet, daß diese Bewegungen einige Wochen oder Monate vor größeren Erdbeben aufleben, und es kann dazu kommen, daß sich der Erdboden wenige Stunden vor dem Beben um einige Meter verschiebt. Besonders eindrucksvoll treten solche Vorgänge in Gestalt von Küstenhebungen und -senkungen auf. Offenbar weichen die Erdkrustenschollen den gewaltigen Drucken des Erdinneren erst langsam, dann schneller aus, bis bei zu starker Beanspruchung die Festigkeitsgrenze überschritten wird und es zu plötzlichem Bruch kommt. Eingehende Untersuchung dieser sehr vielgestaltigen Vorgänge, besonders ihrer wiederholt auftretenden örtlichen Eigentümlichkeiten, kann vielleicht mit der Zeit zu einer Art Erdbebenvorhersage, wenigstens zu einer Erdbebenwarnung in häufig heimgesuchten Gebieten führen. Zahlreiche japanische Erdbebenforscher sind mit diesen sehr mühevollen Arbeiten beschäftigt.

Die geschilderten Verbiegungen, Blockverschiebungen und Verwerfungen sind der sichtbare Ausdruck erdbebenerzeugender Vorgänge, die ihren Sitz in größeren Tiefen haben. Es gibt aber auch eine große Mannigfaltigkeit von Verlagerungen und Versetzungen in den obersten Erdschichten, die mit den Tiefenvorgängen nichts zu tun haben und von den Erdbebenschwingungen des Felsuntergrundes hervorgerufen werden. Sie treten fast immer auf, wenn lockere und wasserdurchtränkte Schichten oder Verwitterungsböden den Felsuntergrund in größerer oder geringerer Mächtigkeit bedecken. Während des Erdbebens werden die Deckschichten aufgelockert. An Steilhängen werden sie vom Felsuntergrund gelöst und kommen als *Erdrutsch* herab. Hunderte, ja Tausende solcher Erdrutsche kommen bei manchen Beben vor. Die Auflockerung des Erdbodens kann so weit gehen, daß die einzelnen Erdbodenteilchen ihren Zusammenhang vollständig verlieren, der gelockerte Boden die Beweglichkeit einer Flüssigkeit erhält und mit großer Geschwindigkeit selbst schwach geneigte Böschungen herabfließt. Während des großen japanischen Bebens vom 1. September 1923 hat ein solcher *Erdfluß* von über einer Million Kubikmetern Erde ein 150 m breites, 6 km langes Tal mit einem mittleren Gefälle von 1:9 in 5 Minuten durchflossen, am Ausgang des Tales das Dorf Nebukawa mit 700 Einwohnern verschüttet, die Eisenbahnstation zerstört und einen gerade haltenden Personenzug mit Personal und Fahrgästen mitgerissen. Sehr häufig wird ein Flußbett versperrt, und ein Stausee entsteht. Meist durchbricht das aufgestaute Wasser nach einigen Wochen den Damm; der See läuft aus und verursacht große Überschwemmungen im Unterlauf des Tales.

Kommt es nur zu kleineren ungleichmäßigen Setzungen und Rutschungen des Bodens, so entstehen *Erdspalten*, eine sehr häufige Erscheinung. Sie kommen vorzugsweise an Berghängen, an Flußufern und in alten Flußtälern vor, können aber auch in ebenem Gelände, besonders in aufgeschüttetem und aufgefülltem Boden auftreten. Spalten in wasserdurchtränktem Boden werfen oft große Mengen von Wasser und Schlamm aus. Die Spalten können sehr lang sein. Kommen sie im Zusammenhang mit *Bodensetzungen* vor, so werden sie leicht mit echten Verwerfungen verwechselt. Spalten können sich rasch wieder schließen, wenn in höherer Lage liegengebliebene Erde nachrutscht. Wo fließende Erde sich sammelt, kann *zusammengedrückter Boden* entstehen. Gebäude auf rutsch- und fließfähigem Boden sind stets aufs höchste gefährdet, ebenso Rohrleitungen, die in ihm verlegt, und Geleise, die in ihm verankert sind.

Es gibt einige ältere Berichte von Erdspalten, die sich mehrmals öffnen und schließen, dabei Menschen und Tiere verschlingen und erdrücken. Der letzte dieser Berichte stammt aus dem Jahre 1783, ist also schon recht alt und läßt sich kaum mehr auf seinen Wahrheitsgehalt prüfen. Von den vielen Beben des 19. und 20. Jahrhunderts sind den Erdbebenforschern keine ähnlichen Fälle bekanntgeworden. Nach *A. Imamura* sind sie, wenigstens für Japan, äußerst unwahrscheinlich.

Die Verschiebung größerer Erdmassen verändert auch die Wasserführung des Erdbodens. Quellen versiegen, neue Quellen brechen auf, trockenes Gelände wird überschwemmt und Seen laufen aus. Oft wird die Wasserversorgung der Städte bedroht.

Der Stoß von Seebeben pflanzt sich als Erschütterungswelle im Meerwasser von unten nach oben fort. An der Meeresoberfläche ist meist nichts zu sehen; auf Schiffen wird der Erdbebenschall gehört, in schwereren Fällen ein Stoß verspürt wie beim Auflaufen auf ein Riff. Es sind auch schon Masten gebrochen und Schiffe leck gestoßen worden. Gefährlich sind die Stoßwellen den Tiefseefischen. Mit verletzter Schwimmblase gelangen sie an die Oberfläche und sind nicht mehr fähig, in die Tiefe zurückzukehren. Zahlreiche tote Tiefseefische findet man häufig im Herdgebiet der Seebeben, so auch beim großen japanischen Beben vom 1. September 1923 (Abb. 4).

Wie auf dem Land, so kommen auch auf dem Meeresgrund Verwerfungen, Erdrutsche und Erdflüsse vor. Mancher Kabelbruch gibt davon Kunde (Abb. 4). Erdmassenverlagerungen des Meeresgrundes werden auf das Wasser übertragen. Es entstehen Meereswellen, *seismische Wogen*. Ihre Wellenlänge ist sehr groß, zwischen 100 und 1000 km, ihre Höhe ist auf offener See meist gering und mag die Größenordnung von einigen Zentimetern bis höchstens 1 bis 2 Metern haben. Die Fortpflanzungsgeschwindigkeit hängt von der Meerestiefe ab. In 100 m tiefem Wasser beträgt sie 31 m/sec, bei 1000 m 99 m/sec, bei 8000 m 280 m/sec. Es werden also einige hundert Kilometer in der Stunde zurückgelegt. Die Schwingungsdauer (Periode) ist sehr lang, etwa $^{1}/_{4}$ bis 1 Stunde. Wenige Schwingungen genügen, eine seismische Woge

über einen ganzen Ozean zu tragen. Die seismischen Wogen
stärkerer Beben im Westpazifik[1] werden von den Schreibpegeln
aller pazifischen Küstenstationen aufgenommen. Als der Insel-
vulkan Krakatao in der Sundastraße am 27. August 1883 von
einer vulkanischen Explosion zum größten Teil zerstört wurde, hat
man die Woge auf der ganzen Erde nachweisen können.

Oft kündet sich die seismische
Woge durch unerwartetes Zurück-
fluten des Meeres an, je nach der
Entfernung vom Ursprungsort einige
Minuten bis etwa $1/2$ Stunde nach
dem Beben. Dann kommt nach 5 bis
10 Minuten die Hauptwelle.

Auf hoher See werden die seismischen Wogen von Schiffen nicht wahrgenommen. An den herdnahen Küsten
jedoch bilden sie sich zu einer der gefährlichsten Erdbebenerscheinungen
aus. Bei der Annäherung an das Land
wird die anlaufende Wassermasse ge-
staut, brandet mit großer Gewalt gegen
die Ufer und reißt alles mit, was sie erreicht. Solche Wellen werden *Tunami*[2]
genannt. Besonders gefährdet sind V-
förmige Meeresbuchten und Flußmün-
dungen mit steilen Ufern, also gerade

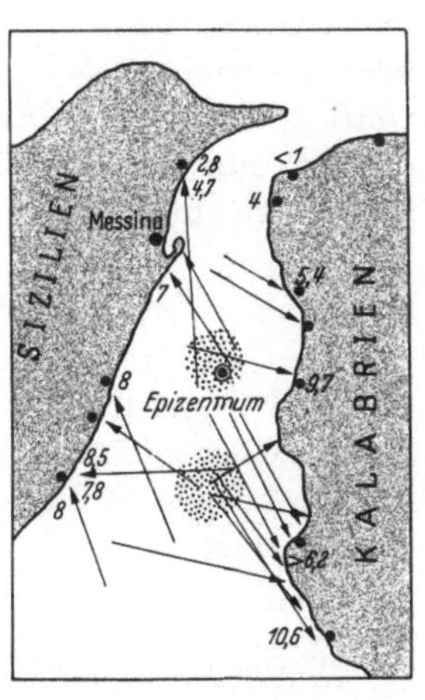

Abb. 5. Messina-Beben vom
28. Dezember 1908. An-
kunftsrichtung und Höhe
der seismischen Woge. Nach
F. Omori. Zahlenangaben
in Metern.

solche Plätze, die als natürliche Häfen Fischerei und Seeverkehr an
sich ziehen. An der japanischen Ostküste haben seismische Wogen
stellenweise Höhen von 30 bis 40 m erreicht, und manche kleine
Hafenstadt hat ein schreckliches Ende gefunden.

Der Ursprung der seismischen Wogen liegt im Schüttergebiet,
braucht aber nicht genau mit dem Zentrum des Bebens zusammenzufallen. Auch tritt die seismische Woge nicht immer dort am ver-
heerendsten auf, wo die Bebenbewegung am stärksten ist. Als
Beispiel zeigt Abb. 5 Ankunftsrichtung und Höhe der seismischen

---

[1] Pazifik: Stiller Ozean.
[2] Tu (jap.) = Hafen; nami (jap.) = lange Welle; Tunami = lange
Welle im Hafen.

Wogen des Messina-Bebens von 1908. Die Richtungen deuten einen doppelten Ursprung der Wogen an, und nur der eine Ursprungsort liegt im Epizentrum des Bebens. In der Gegend von Messina, wo die größten Bebenzerstörungen auftraten, waren die seismischen Wogen verhältnismäßig schwach. Ihre größte Höhe haben sie an den südlichen Küsten der Straße von Messina erreicht. Bei dem kalifornischen Erdbeben vom 18. April 1906 fehlten seismische Wogen, obwohl sich ein Teil der Herdverwerfung unter dem Ozean herzieht (Abb. 17, S. 41). Es sind offenbar nur waagerechte, keine wesentlichen senkrechten Verlagerungen am Meeresboden vorgekommen.

Erdbebenschäden

Treten die geschilderten Vorgänge in dicht besiedelten und bebauten Gegenden auf, so können sie zu großen Katastrophen führen. So werden vom großen japanischen Beben (1. September 1923) aus Tokio, Yokohama und Umgebung die folgenden Schäden berichtet.

Tote	99 331	246 540
Verletzte	103 733	
Vermißte	43 476	
Vollständig zerstörte Häuser	128 266	702 495
Teilweise zerstörte Häuser	126 233	
Verbrannte Häuser	447 128	
Weggeschwemmte Häuser	868	
Sachschaden . . . . . 5 506 386 034 Yen[1] (5,5 Milliarden Yen)		

Schäden von dieser Höhe sind selten, immerhin wurde ihre Größe mehrmals fast erreicht, wie man aus der folgenden Aufstellung bekannter Schadenbeben sieht.

  1. November 1755. Lissabon. Hafenmauer mit vielen Menschen ins Meer gestürzt, $12\frac{1}{2}$ m hohe seismische Woge, weit ausgedehntes Schüttergebiet (bis Nordafrika und Mitteleuropa). 32 000 Tote.

  5. Februar 1783. Calabrien (Italien). Mächtige Erdrutsche, seismische Woge. 30 000 Tote, dazu 20 000 an Epidemien Gestorbene.

  28. Oktober 1891. Mino-Owari (Japan). Große Herdverwerfung. Längs einem über 100 km langen System von Bruchflächen Senkung bis 7 m, waagerechte Verschiebung bis 4 m. 42 000 Häuser zerstört, 7000 Tote.

---

[1] Zum Vergleich: Roherzeugungswert der japanischen Industrie 1923 (etwa 2 Millionen Arbeiter) 8 Milliarden Yen. 1 Yen damals 2,09 Goldmark.

15. Juni 1896. Sanriku (japanische Ostküste). Herd im Ozean. Bis 30 m hohe seismische Woge. 11000 Häuser weggeschwemmt, 2000 teilweise zerstört, 27000 Tote, 9000 Verletzte.

18. April 1906. Kalifornien (San Franzisko). Waagrechte Verschiebungen an der über 600 km langen San Andreas-Verwerfung. Das Geschäftsviertel von San Franzisko zerstört, hauptsächlich durch Feuer. Nicht ganz 1000 Tote. Der Sachschaden schätzungsweise 350 Millionen Dollar[1].

28. Dezember 1908. Messina (Sizilien) und Calabrien. Erdspalten, Küstensenkung, seismische Wogen. Messina zum Teil zerstört, hauptsächlich von der Bebenbewegung selbst. In Messina 83000 Tote von 138000 Einwohnern, in Reggio (Calabrien) 20000 Tote von 40000 Einwohnern.

16. Dezember 1920. Ping-liang (Prov. Kansu, China). Zerstörungen bis in 500 km Herdentfernung. Im Lößgebiet gewaltige Bodenveränderungen: Spalten, Erdrutsche, abgedämmte Täler. Schwerstes bis dahin bekanntes Beben. 200000 Tote.

1. September 1923. Sagami-Bai (Japan). „Großes japanisches Beben". Tokio und Yokohama zerstört, hauptsächlich durch Feuer. Seismische Wogen. 126000 Häuser teilweise, 576000 Häuser vollständig zerstört. 247000 Tote, Verletzte und Vermißte. Sachschaden 5,5 Milliarden Yen.

2. März 1933. Sanriku (japanische Ostküste). Herd im Ozean. Bis $28^{1}/_{4}$ m hohe seismische Woge, auf allen Pegelstationen des Pazifik aufgezeichnet. Bodenbewegung in Mitteleuropa, 9000 km vom Herd entfernt, noch über 2 cm (Doppelamplitude). Viele Ortschaften weggeschwemmt. 4000 Häuser zerstört, 3000 Tote.

30. Mai 1935. Indien. Quetta und über 100 Ortschaften in einem Gebiet von 200 × 35 qkm zerstört. In Quetta 26000 Tote von 40000 Einwohnern, in Kalat und Mastung 12000 — 15000 Tote.

26. Dezember 1939. Anatolien. Eine 300 km lange Zerstörungszone. 29000 Häuser zerstört, über 32000 Tote.

24. Mai 1940. Peru. Zerstörungen in der Gegend von Lima und Callas. Über 200 Tote und 3000 Verwundete.

7. Dezember 1944. Hondo (Japan). Längs der Südküste von Hondo 26000 Häuser zerstört; über 900 Tote und 2000 Verwundete; Flutwelle.

20. Dezember 1946. Hondo (Japan). 36000 Häuser zerstört, 2000 Tote und Verwundete, Flutwelle.

---

[1] 1 Dollar damals 4,20 Mark.

15. August 1950. Assam (Indien) und Tibet. Erdrutsche, Felsstürze,
        gestaute Flüsse, entwurzelte Wälder, bedeutende
        Änderungen an der Erdoberfläche. Beim Beben
        70 Ortschaften zerstört. 8 Tage nach dem Beben
        beim Durchbruch gestauter Wassermassen Hunderte
        von Ortschaften von einer bis zu 7 m hohen Woge
        überschwemmt. 150 Tote beim Beben, über 500
        Tote bei der Überschwemmung. Eines der stärk-
        sten Erdbeben.

Hiergegen ist die Wirkung des schadenreichsten mitteleuropäischen
Bebens gering:

18. Oktober 1356. Basel. 34 Dörfer, Schlösser und Burgen schwer be-
        schädigt. 300 Tote.

Es gibt Erdbeben, bei denen die Bodenerschütterung selbst den
größten Teil des Schadens hervorruft. Das bekannteste Beispiel
ist das Erdbeben von Messina (1908). Ganze Straßenzüge eng
und schlecht gebauter Häuser fielen den ersten Stößen zum
Opfer. Große Trümmerhaufen füllten die schmalen Gassen
meterhoch an und versperrten denen den Ausweg, die dem Zu-
sammensturz der Häuser entronnen und bis auf die Straße gelangt
waren. Sie wurden von nachstürzenden Mauern erschlagen und
von nachrutschendem Schutt begraben. In den am schwersten
erschütterten Stadtteilen hielten nur einige gut gebaute Pracht-
fassaden stand. Große Verheerungen hat auch die seismische
Woge angerichtet.

Eine gefährliche Begleiterscheinung des Erdbebens ist das
Feuer. In jeder Ortschaft sind offene Feuerstellen vorhanden,
und in jedem Haus gibt es brennbares Material, das während des
Einsturzes in die Nähe des Feuers gelangen kann. Aus beschä-
digten Rohrleitungen ausströmendes Gas ist eine besonders
ernste Gefahrenquelle. Die große Zahl der gleichzeitig aus-
brechenden Brände macht oft eine zielbewußte Bekämpfung un-
möglich, und es kommt hinzu, daß die zerstörten Wasserleitungen
nicht genug Wasser hergeben. Das kalifornische Erdbeben von
1906 und das große japanische Erdbeben von 1923 sind hervor-
ragende Beispiele für Schadenbeben, bei denen der Feuerschaden
ein Vielfaches des reinen Erdbebenschadens beträgt.

Beim kalifornischen Beben von 1906 hatte San Franzisko als
erste moderne Großstadt die Erdbebenprobe zu bestehen, und
die Erfahrungen dieses Bebens sind richtunggebend für den
Städtebau in Erdbebengebieten geworden. In Anbetracht der

20

großen Blockverschiebungen an der nicht weit entfernten San Andreas-Verwerfung war der Schaden der Erdbebenstöße verhältnismäßig gering. Stein- und Eisenskelettbauten wurden wenig beschädigt, wenn sie aus festem Material mit Sorgfalt ausgeführt waren. Als sehr gefährlich erwies sich aufgeschütteter und aufgefüllter Boden[1]. Hier kamen beträchtliche Bodenversetzungen

Abb. 6. Kalifornisches Beben vom 18. April 1906. San Franzisko, Howard Street. Die Häuser wurden vom fließenden Untergrund mitgenommen (nach links versetzt) und, wo der Boden weggeflossen ist, gekippt. *G. K. Gilbert, phot.*

vor, wobei ganze Häuserzeilen den Boden unter den Fundamenten verloren, mitgerissen und gekippt wurden (Abb. 6). Straßenbahngeleise wurden von dem fließenden Untergrund mitgenommen, verbogen und zusammengestaucht (Abb. 7). Wo Wasserleitungen die Herdverwerfungen kreuzten, wurden sie vielfach zerstört; es kamen auch Zerstörungen von Rohrleitungen in sich ungleichmäßig setzendem, rutschendem und zusammengepreßtem

---

[1] Sogenanntes „gemachtes Land" (made land).

Lockerboden vor (Abb. 8). Mit dem Zusammenbruch der Wasserversorgung in San Franzisko war den Feuerwehren die Möglichkeit zu erfolgreichen Löschversuchen genommen, und es ist dieser Umstand nächst der nicht sehr feuersicheren Bauweise als Hauptursache der ungehinderten Ausbreitung des an über 50 Stellen

Abb. 7. Kalifornisches Beben vom 18. April 1906. San Franzisko, Howard Street. Der Boden im Vordergrund rechts hat sich gesetzt und verschoben, dabei die Schienen mitgenommen und verbogen. *G. K. Gilbert, phot.*

ausgebrochenen Feuers anzusehen. Im Laufe von 4 Tagen brannte das Geschäftsviertel von San Franzisko fast vollständig nieder. Der Brandschaden war so groß, daß man in den Vereinigten Staaten nicht vom Erdbeben, sondern vom Brand von San Franzisko sprach und die Feuerversicherungen sich veranlaßt sahen, von nun an regelmäßig die Erdbebenklausel einzuführen, wonach Feuerschäden, die im Anschluß an Erdbeben entstehen, nur bei besonderer Abmachung und erhöhter Prämie mitversichert sind.

Der Sachschaden wird auf 350 Millionen Dollar geschätzt, der
Wiederaufbau hat 2 Jahre gedauert. Ein wesentlicher Teil des
Wiederaufbaues war die Schaffung einer erdbebensicheren Wasserversorgung. Hierbei hat man wichtige Rohrleitungen, oft auf
großen Umwegen, so geführt, daß sie keine der den Geologen
bekannten Verwerfungen kreuzen. Wo sich dies nicht durchführen ließ, hat man unterirdische Sammelbecken angelegt, um

Abb. 8. Kalifornisches Beben vom 18. April 1906.
Zerrissene Wasserleitung.

einem möglichen Wassermangel vorzubeugen. Man hofft, selbst
ein an so vielen Stellen ausbrechendes Feuer wie das von 1906
in kurzer Zeit löschen zu können.

Noch viel schlimmer, der zahlreichen Menschenopfer wegen,
war die Wirkung des Feuers beim großen japanischen Beben von
1923 in Tokio und Yokohama. In Tokio hat der Erdbebenstoß
etwa 10000 Häuser zerstört, und nach den Erfahrungen bei anderen japanischen Erdbeben nimmt man an, daß hierbei nicht
wesentlich mehr als 1000 Menschen erschlagen wurden. Die

meisten der übrigen Verluste fallen dem Feuer zur Last. Tausende verbrannten und erstickten im Feuer; zahllose ertranken in Flußarmen und Hafenbecken, in die sie, vor dem Feuer Schutz suchend, gesprungen waren. In Tokio hat das Feuer 366262 Häuser auf einem Bereich von 35,85 qkm zerstört, und es sind etwa 58000 Menschen durch das Feuer umgekommen. An 212 Stellen brachen verheerende Brände aus; dazu kamen noch etwa 40 Feuerherde, an denen es gelang, rechtzeitig zu löschen. 136 Brände entstanden in der ersten halben Stunde nach dem Beben. Angefacht und ausgebreitet von Sturm und Wirbelwinden, fand das Feuer reichlich Nahrung an den Holzhäusern. Manche für feuersicher angesehene Gebäude waren nicht mehr feuerfest, nachdem der Erdbebenstoß sie ihrer Dachziegel beraubt und an den Wänden schwer beschädigt hatte. Der Ausfall von 277 zerstörten Brücken, von denen 246 verbrannten, hat wesentlich zur Steigerung der Katastrophe beigetragen. Denn Tausenden war es nicht mehr möglich, sich über die Brücken in Sicherheit zu bringen. Verderblich war auch das von den Flüchtlingen gerettete und mitgeschleppte Eigentum. Sehr feuergefährlich, wurde es von den herumfliegenden Funken entzündet; die Besitzer kamen in den Flammen um. Das schwerste Unglück dieser Art ereignete sich auf einem freien Platz im Stadtteil Honzyo beim Militärbekleidungsamt. Der 100000 qm große Platz war von 40000 Flüchtlingen und ihrem geretteten Eigentum so vollgepackt, daß es kaum einem mehr möglich war, sich zu bewegen. Vier Stunden nach dem Beben, gegen vier Uhr nachmittags, kam das von wechselnden Winden angefachte und ausgebreitete Feuer von drei Seiten an den Platz heran. Nur die vierte, an einem Flußlauf gelegene Seite blieb frei. Noch ehe das Gepäck angezündet war, hatten Rauch und Hitze viele der Flüchtlinge erstickt und versengt. Plötzlich regneten zahllose Funken hernieder, und alles Brennbare ging in Flammen auf. 38000 Menschen kamen um, nur 2000 konnten sich retten.

Wie in Tokio, so hat sich auch in der näher am Herd gelegenen Stadt Yokohama gezeigt, daß in erdbebengefährdeten Städten außer erdbebensicherer Bauweise größtmögliche Feuersicherheit und eine erdbebensichere Löscheinrichtung unumgänglich notwendig sind. Auch müssen feuergefährliche Stoffe und Chemikalien sorgfältig und sicher aufbewahrt werden. Ferner ist die Bevölkerung über richtiges Verhalten bei Erdbeben zu unterrichten.

A. Imamura gibt folgende Verhaltungsmaßregeln:

1. Achte in den ersten zwei oder drei Sekunden darauf, ob das Erdbeben stark werden wird oder nicht, und handle entsprechend. Wenn zu Beginn Gegenstände heruntergeworfen werden und Risse in den Mauern entstehen, dann wird ein großes Erdbeben kommen. Wenn die ersten Stöße schwach sind, so liegt der Herd weit entfernt, und es kommt darauf an, ins Freie zu gelangen, ehe der starke Hauptstoß kommt. Wenn jedoch die ersten Bewegungen kurze Schwingungsdauer haben, scharf und schnell sind, so ist der Herd nahe. In diesem Falle wird der Hauptstoß voraussichtlich zehnmal so stark sein wie der Anfang.

2. Sobald man erkannt hat, daß sich die Bodenbewegung zu einem starken Erdbeben entwickelt, wird natürlich jeder versuchen, ins Freie zu kommen. Aber man darf nicht vergessen, jede Flamme im Haus auszumachen.

3. In zwei- oder dreistöckigen Holzhäusern sind die oberen Stockwerke sicherer als das Erdgeschoß. Hat man das Pech, in den oberen Stockwerken eines sehr großen modernen Gebäudes überrascht zu werden, so hat man fast keine Aussicht, noch ins Freie zu kommen.

4. Im Innern eines Gebäudes findet man unter oder nahe bei einem größeren, massigen Möbelstück vorläufigen Schutz. In Schulen ist sicherer Platz unter den Pulten. Bleibe in Holzhäusern nicht unter den Balken. Halte dich in Häusern von europäischer Bauart von Füllmauern, Feuerstellen und Ziegelschornsteinen entfernt. Gibt es keinen besseren Platz, so stelle man sich in den Türrahmen.

5. Außerhalb der Häuser hüte man sich vor fallenden Dachziegeln und Mauern, umfallenden Ziegel- und Steineinfriedungen und Schornsteinen.

6. An der Küste achte man auf seismische Wogen, besonders wenn man von dem Ort weiß, daß er gefährdet ist. In der Nähe von Hügeln drohen Erdrutsche, Steinfälle und Erdflüsse.

7. Wenn man bei einem großen Erdbeben die erste Minute überlebt hat, so kann man annehmen, daß die schlimmste Gefahr vorüber ist; die Nachstöße sind nicht mehr zu fürchten. Erdspalten sind in Japan niemals groß genug, um Menschen und Tiere zu verschlingen. Alte und Junge sollen ihre Anstrengungen vereinigen, jedes Feuer im Keim zu ersticken, und erst später mit dem Rettungswerk beginnen. So können viel mehr Menschenleben — ungeachtet der Sachwerte — gerettet werden, als wenn man dem Feuer auch nur einen Augenblick Gelegenheit gibt, die Oberhand zu gewinnen.

8. Man soll stets beachten, daß aus einem zusammengestürzten Haus noch mehrere Stunden nach dem Erdbeben Feuer ausbrechen kann.

9. Bei einem stärkeren Erdbeben untersuche sofort, ob die städtische Wasserversorgung versagen will, und verschaffe dir nötigenfalls genug Wasser zur Bekämpfung des Feuers. Wende auch alle Methoden der Feuerlöschung ohne Wasser an.

10. Die stärksten Nachstöße haben höchstens $^1/_{10}$ der Stärke des Hauptbebens. Häuser, die das Hauptbeben überstanden haben, auch wenn sie etwas beschädigt oder aus dem Lot gebracht sind, werden kaum von den Nachbeben zerstört. Dies gilt natürlich nicht für sehr schwer beschädigte oder beanspruchte Häuser, selbst wenn sie noch stehen.

Am 20. Juni 1894 wurde Tokio von einem Beben erschüttert, dessen Stärke etwa $^1/_3$ von der des großen Bebens war. Hierbei wurden 0,48% der Holzhäuser, 3,47% der Steinbauten und 10,21% der aus Ziegelsteinen gebauten Häuser zerstört. An der

Abb. 9. Typische Erdbebenschäden an Ziegelbauten von europäischer Bauart. Nach *A. Sieberg*.

hohen Zahl der zerstörten Ziegelbauten ist die schlechte Qualität des Materials wesentlich mitbeteiligt, haben doch beim großen Beben von 1923 zahlreiche Ziegelbauten in Tokio die stärkeren Erdstöße gut überstanden. Näher am Herd, in Yokohama, blieb 1923 allerdings kein einziges der aus Ziegelsteinen gebauten Häuser verschont. Mauerwerk und Mörtel müssen eine Beanspruchung von 2 kg/qcm aushalten können; Baumaterial mit geringerer Festigkeit ist in Erdbebenländern nicht angebracht.

In Europa sind Gebäude aus Ziegelsteinen sehr zahlreich, und es ist für die Verhütung von Erdbebenschäden in den europäischen Ländern wichtig, das Verhalten der Ziegelbauten besonders zu untersuchen. Ziegelbauten auf festem Felsuntergrund sind nur durch die Schwingungen gefährdet, Bauten auf lockerem Boden außerdem durch Bodensetzung und Rutschung. Bei jeder dieser Beanspruchungen treten charakteristische Schadenbilder auf (Abb. 9),

Abb. 10. Die Kirche von Kappel bei Buchau nach dem Beben vom 27. 6. 1935. Die Beschädigung des Kirchendaches ist ein Zufallsschaden. Phot. *R. Loescher*, Buchau.

die alle in schweren Fällen zu vollkommener Zerstörung führen können.

Bei Ziegelbauten kommen *Zufallsschäden* recht häufig vor, wenn herabfallende Schornsteine, Giebel und Mauerstücke aus höheren Gebäudeteilen das Dach niedrigerer Gebäudeteile durchschlagen und im Inneren neue Verwüstungen anrichten (Abb. 10 und 11). Ohne Beachtung dieses Umstandes wird man den ganzen Schaden der Erdbebenbewegung zuschreiben und auf eine zu hohe Schätzung der Erdbebenstärke kommen. Bei der Auswertung von Erdbebenbeobachtungen hat man streng zwischen reinen Erdbebenschäden und Zufallsschäden zu unterscheiden. Zufallsschäden können zu einem großen Teil verhindert werden, wenn man

Abb. 11. Inneres der Kirche von Kappel bei Buchau nach dem Beben vom 27. 6. 1935. Zufallsschaden.
Phot. *R. Loescher*, Buchau.

Abb. 10.

Abb. 11.

auf den Anbau leicht abfallender Verzierungen verzichtet, die Durchführung der Schornsteine durch die Dächer vermeidet und haltbare Dachkonstruktionen mit großer Seitensteifigkeit verwendet.

. Stahlskelettbauten haben vielfach starke Erdbeben gut überstanden. Auch bei ihnen kommt es auf gute, haltbare Ausführung an, die den waagerechten Erdbebenstößen genug Widerstand bietet. Stahlskelettbauten sind bei Feuer dadurch gefährdet, daß der Stahl in großer Hitze seine guten Eigenschaften verliert und

Abb. 12. Zerstörung eines Tempels. Zu schweres Dach. Großes japanisches Beben vom 1. September 1923.

weich wird. In San Franzisko 1906 und in Tokio 1923 haben zahlreiche Stahlskelettbauten die starken Erdbebenstöße ausgehalten und sind später in der Hitze des Feuers zusammengebrochen. Mangelnde Seitensteifigkeit und schlechte Mauerwerkausfüllung bringen Versetzungen und Beschädigungen hervor.

Eisenbetonbauten und Eisenbetonfüllungen zwischen Stahlrahmen halten in gutem Zustand sehr starke Erdbeben aus. Nur dürfen die Eisenverstärkungen nicht rosten. Es kann vorkommen, daß beim ersten, sonst gut überstandenen Erdbeben Risse entstehen, die der Luft Zutritt geben, so daß das Rosten beginnt und fortschreitet und schließlich bei einem späteren Beben der Eisenbeton nicht mehr fest genug ist. Die Bauten sind also nach jedem Erdbeben gut zu untersuchen und nötigenfalls sorgfältig zu reparieren.

Holzhäuser sind sehr feuergefährlich, können aber leicht erdbebensicher gebaut werden. Sie müssen starke Stützen haben und
dürfen oben nicht zu schwer sein. Bei mehrstöckigen Gebäuden
bricht meist das Erdgeschoß zusammen, während die oberen
Stockwerke mehr oder weniger unversehrt bleiben. Daher ist der
Aufenthalt in den oberen Stockwerken sicherer als im Erdgeschoß.
Charakteristisch für die japanische Holzbauweise ist die sehr häufige Zerstörung von Tempeln mit zu schwerem Dach (Abb. 12).
Ein Beispiel für die Widerstandsfähigkeit von Häusern mit leichtem

Abb. 13. Großes Tango-Beben (Japan) vom 7. März 1927. Haus mit
leichtem Dach in Mineyama, in fast vollständig zerstörter Umgebung
nur leicht beschädigt. Nach *T. Taniguchi*.

Dach gibt das Badehaus in Mineyama, das, mit Asbestplatten
gedeckt, vom Erdbeben nur wenig beschädigt und vom Feuer
nicht ergriffen wurde (Abb.13), während in der Nachbarschaft
kaum ein Haus stehenblieb.

Für die Erdbebensicherheit von Bauwerken ist außer der Bauweise auch der Untergrund ausschlaggebend. Es ist nicht möglich, erdbebensicher zu bauen, wenn das Gefüge des Baugrundes
bei einem Erdbeben durch Rutschungen, Setzungen und Erdflüsse wesentlich verändert werden kann. Daher sind lockere
Böden an Steilhängen als Baugrund ungeeignet.

Fester Felsuntergrund, besonders wenn er einer größeren, von
nur wenig Klüften und Verwerfungen durchzogenen Erdkrustenscholle angehört, nimmt die ankommenden Erdbebenschwingungen unverändert auf. Die Erdbebenwirkungen sind selbst bei

stärkeren Beben verhältnismäßig gering. Sehr mächtige, lockere Schichten, die den Felsuntergrund bedecken, können die ihnen vom Untergrund aufgezwungenen Bewegungen nach oben hin dämpfen.

Ganz anders verhalten sich dünne, dem Felsuntergrund aufliegende Lockerböden und Verwitterungsschichten. Sie geben die Schwingungen des Untergrundes stark vergrößert wieder, ähnlich wie ein Gelatinepudding selbst auf schwach angestoßener Schüssel in heftige Schwingungen gerät. Solche Böden sind als Baugrund außerordentlich gefährlich, besonders auch, weil neben der eigentlichen Bebengefahr die Möglichkeit ausgedehnter Rutschungen, Setzungen und Erdflüsse besteht.

Sehr oft haben die beweglichen Bodenschichten nur geringe Mächtigkeit. Dann kann es genügen, mit den Fundamenten etwas tiefer als gewöhnlich zu gehen, um festen Stand zu finden. So wurden in San Franzisko und in Tokio die in den oberen Schichten verlegten Leitungen für Gas und Wasser schwer beschädigt, während die etwas tiefer in festerem Boden eingebetteten Leitungen der Kanalisation in Tokio nur wenig gelitten haben. Leichtere Bauten auf weichem Boden wurden in großer Zahl zerstört, dagegen haben sorgfältig gebaute, tief gegründete Eisenbeton- und Stahlbauten auf weichem Boden das Beben ebensogut überstanden wie auf festem. Hierbei kann auch eine Verfestigung des Baugrundes durch eingerammte Pfähle wirksam gewesen sein.

Bei allen größeren Erdbebenkatastrophen und vielen kleineren Beben haben sich die geschilderten Beziehungen zwischen Baugrund, Bebenstärke und Zerstörungen stets von neuem gezeigt. Es ist kein Zweifel, daß man die zerstörende Wirkung selbst starker Beben erheblich mindern kann, wenn bei der Städteplanung auf diese Umstände Rücksicht genommen wird.

Vor den Verwüstungen seismischer Wogen bewahrt man sich am sichersten, wenn man häufig heimgesuchte Ortschaften bei dem Wiederaufbau auf höhergelegenes Land verlegt. Liegt jedoch die ganze Umgebung nur wenige Meter über dem Meeresspiegel, so muß man sich darauf beschränken, einige größere Gebäude, z. B. Schulen, aus Eisenbeton mit tiefreichenden Fundamenten auszuführen und das untere Stockwerk so stark zu bauen, daß es den Anprall der Wogen aushält. Die oberen Stockwerke

können als Schutzräume für die Bevölkerung dienen, die, von
dem Erdbeben, von unerwarteter Senkung des Meeresspiegels
oder dem Geräusch der ankommenden Woge gewarnt, sich oft
noch rechtzeitig in Sicherheit bringen kann. Die Schutzräume
dürfen nicht zu früh verlassen werden; denn es können mehrere
Wogen nacheinander ankommen, von denen die späteren häufig
gewaltiger sind als die ersten. Volkreiche Städte, die von nicht
allzu hohen seismischen Wogen bedroht sind, kann man auch mit
Mauern oder Deichen schützen. Buhnen und andere Arten von
Wellenbrechern haben nur bei sehr geringen Wellenhöhen Erfolg.
Bei günstigem Gelände mag es möglich sein, mit Dämmen die
ankommende, noch nicht sehr hohe Woge in unbewohnte Niede-
rungen zu leiten, in denen sie sich ausläuft.

Stärke und Energie der Erdbeben

Die Zahl der Toten und Verletzten ist kein brauchbares Maß
für die Stärke eines Erdbebens. Es wirken so viele Zufällig-
keiten mit wie Jahreszeit, Tageszeit, Wetter, Klima, Bevölkerungsdichte, Kulturzustand, Bauweise, Baumaterial, Baugrund, Feuer-
löschwesen, Sanitätswesen, Polizeigewalt, Disziplin, daß man nur
ganz allgemein bei zahlreichen Menschenopfern auf ein stärkeres
Beben schließen kann. Durch Häufung unglücklicher Umstände
kann gelegentlich ein schwaches Beben verderbenbringend sein;
und es kommt häufig vor, daß starke Beben nur wenige Verluste
bringen, weil der Herd in dünnbesiedelter, unkultivierter Gegend
liegt, wo auch größere Veränderungen des Erdbodens nur wenig
Schaden anrichten können. Aus dem Gesamtbild der Erdbebenwirkungen und Erdbebenschäden wird die örtliche Erdbebenstärke im Schüttergebiet bestimmt. Solche Untersuchungen sind
sehr mühsam, und es muß mit scharfer Kritik dabei vorgegangen
werden. Es ist sehr wichtig, daß man in Augenzeugenberichten
den Wahrheitsgehalt von Übertreibungen unterscheiden kann,
Zufallsschäden als solche erkennt und Bodenveränderungen von
nur örtlicher Bedeutung richtig einschätzt. Nach solcher Sichtung
des Beobachtungsmaterials kann der *Stärkegrad* der Bodenbewegung angegeben werden. Hierzu hat man die beobachteten Erdbebenerscheinungen nach dem ihnen entsprechenden Stärkegrad
in eine *Stärkeskala* eingeordnet.

Zur Aufstellung einer Stärkeskala braucht man ein Merkmal der Bodenbewegung, das die Bebenstärke eindeutig charakterisiert. Zunächst wird man an die Schwingungsweite der Bodenbewegung denken. Aber eine kleine Überlegung zeigt, daß die Schwingungsweite als Maß für die Bebenstärke nicht geeignet ist. Eine Bodenschwingung kann nämlich noch so weit ausschlagen: wenn sie langsam genug vor sich geht, wird sie nicht gefühlt und richtet keinen Schaden an. Man wird dann trotz der großen Schwingungsweite nicht von einem starken Beben sprechen.

Bei einem starken Beben ist die Bodenbewegung nicht nur groß, sondern auch schnell. Dabei ist die Geschwindigkeit allein auch nicht maßgebend. Das kann jeder beobachten, der in einem der modernen Schnellverkehrsmittel fährt. Auf gerader Strecke bei glatter, gleichmäßiger Fahrt kann die Geschwindigkeit noch so groß sein: Man wird sie zwar beim Blick durch das Fenster an dem Vorbeihuschen der Landschaft erkennen; aber im Innern des Wagens, bei geschlossenen Vorhängen, wird man sie weder fühlen noch beobachten können. Das geht so weit, daß viele Fluggäste jeden Eindruck von der Geschwindigkeit ihres Flugzeuges verlieren; sie empfinden die Fahrgastkabine als fest und sehen die Landschaft in der Tiefe mit denselben Augen an wie der Kinobesucher das Bild auf der Leinwand. Dieser Zustand ändert sich sofort, wenn sich die Geschwindigkeit ändert, der Wagen bremst oder das Flugzeug zum Gleitflug übergeht. Je unvermittelter die Geschwindigkeitsänderung ist, um so eindrucksvoller wird sie fühlbar. Die Geschwindigkeitsänderung ist also maßgebend für den Eindruck einer Erschütterung; die Geschwindigkeitsänderung in der Zeiteinheit ist das Maß der Erdbebenstärke.

Eine Geschwindigkeitszunahme wird *Beschleunigung* genannt. Eine Geschwindigkeitsabnahme, im gewöhnlichen Sprachgebrauch Verzögerung, wird in der Wissenschaft als negative Beschleunigung aufgefaßt und mit einem Minuszeichen (—) versehen. Man mißt die Geschwindigkeit in Wegeinheiten pro Sekunde (mm/sec, cm/sec, km/sec), vielfach auch in Wegeinheiten pro Stunde (z. B. km/Std.). Beschleunigung ist die Geschwindigkeitsänderung in der Zeiteinheit. Sie wird in Geschwindigkeitseinheiten pro Sekunde gemessen ([mm/sec]/sec $=$ mm/sec^2, cm/sec^2). Nimmt die Geschwindigkeit in einer Sekunde um 1 cm/sec zu, so beträgt die Beschleunigung 1 cm/sec². Dieser Beschleunigung hat man nach dem berühmten Physiker *Galilei* den Namen „Gal" gegeben.

Das einfachste Beispiel einer beschleunigten Bewegung ist der freie Fall im luftleeren Raum. Die Anziehungskraft der Erde gibt dem fallenden Körper eine gleichbleibende Beschleunigung von ungefähr 980 Gal. Der Fall beginnt mit der Geschwindigkeit Null; nach einer Sekunde ist die Geschwindigkeit 980 cm/sec erreicht, zwei Sekunden nach Fallbeginn beträgt sie 2 × 980 = 1960 cm/sec, drei Sekunden nach Fallbeginn 3 × 980 = 2940 cm/sec usf. Von Sekunde zu Sekunde wächst die Geschwindigkeit um den gleichen Betrag. Für diese *Schwerebeschleunigung* hat man die Bezeichnung g allgemein eingeführt. Mit ihr werden vielfach andere Beschleunigungen verglichen, auch die der Bodenbewegungen bei Erdbeben.

Bei Bodenschwingungen ändern Geschwindigkeit und Beschleunigung des Boden-

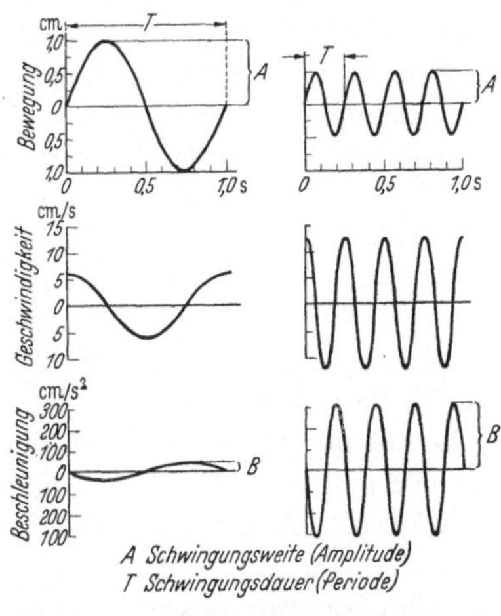

Abb. 14. Bewegung, Geschwindigkeit, Beschleunigung regelmäßiger Schwingungen.

teilchens periodisch ihre Richtung und Größe. Die Beziehungen zwischen Bewegung, Geschwindigkeit und Beschleunigung sind in Abb. 14 an zwei Beispielen einfacher Schwingungsformen dargestellt. In der obersten Zeile sieht man links eine große langsame, rechts eine kleine schnelle Bodenschwingung so aufgezeichnet, wie sie in den Seismogrammen erscheinen. Von links nach rechts ist die Zeit aufgetragen, von unten nach oben der jeweilige Abstand von der Ruhelage. Die linke Schwingung hat eine Schwingungsweite von 1 cm, und eine Schwingungsdauer von 1 Sekunde, bei der rechten Schwingung beträgt die Schwingungsweite ¹/₂ cm und die Schwingungsdauer ¹/₄ Sekunde.

In der zweiten Zeile ist in gleicher Weise die Geschwindigkeit aufgetragen, und zwar nach oben, wenn das Bodenteilchen nach oben schwingt, und nach unten, wenn es sich nach unten bewegt. Die Periode der Geschwindigkeitskurve ist dieselbe wie bei der Bewegung selbst: links 1 Sekunde, rechts $^1/_4$ Sekunde. Jedoch läuft die Geschwindigkeit der Bewegung um $^1/_4$ Periode voraus. Die Geschwindigkeit ist dann am größten, wenn das Bodenteilchen durch die Ruhelage schwingt; sie ist gleich Null, wenn das Bodenteilchen den größten Ausschlag erreicht hat.

Wie die Geschwindigkeit zur Bewegung, so verhält sich die Beschleunigung zur Geschwindigkeit. Die Beschleunigung ist in den unteren Kurven dargestellt. Sie ist nach oben aufgetragen, wenn die Geschwindigkeit zunimmt, d. h. die nach oben gerichtete Bewegung schneller, die nach unten gerichtete Bewegung langsamer wird. Die Periode ist wieder dieselbe wie bei Bewegung und Geschwindigkeit. Die Beschleunigung hat einen zur Bewegung spiegelbildlichen Verlauf und läuft der Geschwindigkeit um $^1/_4$ Periode voraus.

Die beiden Beispiele lassen deutlich erkennen, daß Geschwindigkeit und Beschleunigung einer kleinen Schwingung größer sein können als Geschwindigkeit und Beschleunigung einer großen Schwingung, wenn die Schwingungsdauer der kleinen Schwingung kurz genug ist. Die größte Beschleunigung B — in den beiden Beispielen 39 cm/sec² und 316 cm/sec² — ist maßgebend für die Erdbebenstärke. Diese Beschleunigungen betragen etwa $^1/_{25}$ und $^1/_3$ der Schwerebeschleunigung g. Schon die kleinere kann zerstörende Wirkungen hervorrufen, die größere bedeutet in bewohnten Gegenden eine Katastrophe.

In mühevoller Kleinarbeit ist es gelungen, die größte Beschleunigung B mit den sichtbaren und fühlbaren Wirkungen der Erdbeben in Beziehung zu setzen, so daß man nun in der Lage ist, aus den Erdbebenwirkungen die größte Beschleunigung und aus dieser die Erdbebenstärke zu bestimmen.

Wie die Wetterkunde die Winde nach 12 Windstärken ordnet[1], so ordnet die sehr gebräuchliche *Mercalli-Cancani-Sieberg*-Skala die

---

[1] Seit einigen Jahren verwenden die meteorologischen Ämter auch eine 17stufige Windstärke-Skala, weil die 12stufige Windstärke-Skala für die starken Winde zu grob ist.

Erdbeben nach 12 Stärkegraden. Es gibt noch andere Erdbeben-skalen. Sie beruhen auf demselben Ordnungsprinzip und unter-scheiden sich von der *Mercalli-Cancani-Sieberg*-Skala nur in der Anzahl der Stärkegrade und in deren Abgrenzung.

Mercalli-Cancani-Sieberg-Skala der örtlichen Erdbebenstärken.

I. Grad. *Unmerklich.* Größte Beschleunigung B kleiner als 0,25 cm/sec² ($^1/_{4000}$ g). Nur von Erdbebeninstrumenten aufgezeichnet.

II. Grad. *Sehr leicht.* B zwischen 0,25 und 0,50 cm/sec² ($^1/_{4000}$ bis $^1/_{2000}$ g). Nur ganz vereinzelt von ruhenden, sehr empfindlichen Personen gefühlt, fast ausschließlich in den oberen Stockwerken der Häuser.

III. Grad. *Leicht.* B zwischen 0,50 und 1,00 cm/sec² ($^1/_{2000}$ bis $^1/_{1000}$ g). Selbst in dichter besiedelten Gegenden nur von einem kleinen Teil der im Hausinnern befindlichen Personen etwa wie die Erschütte-rung eines schnell vorbeifahrenden Wagens gespürt. Oft erst bei nachträglichem Gedankenaustausch als Erdbeben erkannt.

IV. Grad. *Mäßig.* B zwischen 1,0 und 2,5 cm/sec² ($^1/_{1000}$ bis $^1/_{400}$ g). Im Freien nur von wenigen Personen gespürt. Im Innern der Häuser von zahlreichen, aber nicht allen Personen an zitternden oder leicht wankenden Bewegungen von Möbelstücken erkannt. Gläser und Geschirre schlagen leise aneinander wie beim Vorüber-fahren eines schweren Lastwagens auf holprigem Pflaster. Fenster klirren; Türen, Balken und Dielen krachen, Zimmerdecken knistern. Flüssigkeiten in offenen Gefäßen werden leicht bewegt. Man hat das Gefühl, als falle im Haus ein schwerer Gegenstand um oder als schwanke man samt Stuhl, Bett usw. wie im Schiff auf bewegter See. Schrecken ruft diese Bewegung nicht hervor, es sei denn, daß die Bewohner durch andere Erdbeben bereits empfind-lich geworden sind.

V. Grad. *Ziemlich stark.* B zwischen 2,5 und 5,0 cm/sec² ($^1/_{400}$ bis $^1/_{200}$ g). Selbst während des vollen Tagesbetriebes auf der Straße und im Freien von zahlreichen Personen gespürt. In den Wohnun-gen allgemein beobachtet. Gewächse, Zweige und schwächere Äste bewegen sich sichtbar wie bei einem mäßigen Winde. Frei hän-gende Geräte geraten in Pendelbewegungen. Klingeln ertönen, Uhrpendel werden angehalten oder schwingen stärker, Uhrfedern ertönen. Elektrisches Licht zuckt oder versagt infolge gegenseiti-ger Berührung der Leitungsdrähte. Bilder schlagen klappernd gegen die Wand oder verschieben sich. Geringe Flüssigkeits-mengen werden aus offenen Gefäßen verschüttet. Nippsachen und gegen die Wand gelehnte Gegenstände können umfallen, leichte Geräte etwas verschoben werden. Möbel rasseln, Türen und Fen-sterläden schlagen auf und zu, Fensterscheiben zerspringen. Die Schlafenden erwachen allgemein. Vereinzelt flüchten Einwohner ins Freie.

VI. Grad. *Stark.* B zwischen 5,0 und 10,0 cm/sec² ($^1/_{200}$ bis $^1/_{100}$ g). Das Erdbeben wird von jedermann mit Schrecken verspürt; sehr viele flüchten ins Freie; manche glauben umfallen zu müssen. Flüssig-keiten bewegen sich stark; Bilder, Bücher usw. fallen von den

Regalen herab. Geschirr wird zerbrochen. Standfeste Hausgeräte,
sogar einzelne Möbelstücke, werden von der Stelle gerückt oder
fallen um. Kleinere Glöckchen in Kirchen und Kapellen, Turm-
uhren schlagen an.

An vereinzelten Häusern solider Bauart leichte Schäden: Risse
im Verputz, Abfall von Bewurf. Kräftigere, aber noch harmlose
Schäden an schlecht gebauten Häusern. Vereinzelt können Dachpfannen und Kaminschornsteine herunterfallen.

VII. Grad. *Sehr stark.* B zwischen 10 und 25 cm/sec² ($^1/_{100}$ bis $^1/_{40}$ g).
An den Einrichtungsgegenständen der Wohnungen durch Um-
werfen und Zertrümmern erheblicher Schaden, selbst bei schweren
Gegenständen. Größere Kirchenglocken schlagen an. Wasserläufe, Teiche, Seen werfen Wellen und trüben sich mit dem aufge-
rührten Schlamm. Vereinzeltes Abgleiten von sandigen und
kiesigen Uferpartien. Brunnen verändern ihren Wasserstand.

Mäßige Schäden an zahlreichen soliden Häusern: leichte Risse in
den Mauern, Abbröckeln größerer Teile des Bewurfes und der
Stuckverzierungen, Herabfallen von Ziegeln, allgemeines Her-
untergleiten der Dachpfannen. Viele Schornsteine werden durch
Risse, Abstürzen der Deckplatte, Herausfallen von Steinen beschädigt; schadhafte Schornsteine brechen bis zum Dach ab und
beschädigen es. Vereinzelte Zerstörungen an schlecht gebauten
oder schlecht erhaltenen Häusern.

VIII. Grad. *Zerstörend.* B zwischen 25 und 50 cm/sec² ($^1/_{40}$ bis $^1/_{20}$ g).
Ganze Baumstämme schwanken lebhaft oder brechen ab. Die
schwersten Möbelstücke werden weit verschoben oder umgeworfen. Statuen und Steindenkmäler drehen sich auf ihren Sockeln
oder fallen um. Solide steinerne Einfriedungen werden auseinandergerissen und umgelegt.

An etwa $^1/_4$ der Häuser schwere Zerstörungen. Vereinzelt
stürzen Häuser ein. Viele werden unbrauchbar. Bei Fachwerk-
bauten fällt die Rahmenfüllung größtenteils heraus. Holzhäuser
werden verdrückt oder umgeworfen. Einstürzende Kirchtürme
oder Fabrikschornsteine können benachbarte Häuser stärker beschädigen, als es die Bebenwirkung allein getan hätte.

Bodenrisse entstehen an Steilhängen und in nassem Erdreich.
Aus nassem Boden tritt Sand und Schlamm führendes Wasser aus.

IX. Grad. *Verwüstend.* B zwischen 50 und 100 cm/sec² ($^1/_{20}$ bis $^1/_{10}$ g).
Etwa die Hälfte der Steinhäuser schwer zerstört. Verhältnis-
mäßig viele stürzen ein, die meisten werden unbrauchbar. Fach-
werkbauten werden auf dem Steinsockel verschoben, in sich verdrückt und damit die Zapfen mancher Rahmen abgeschert; hierdurch unter Umständen erhebliche Beschädigungen.

X. Grad. *Vernichtend.* B zwischen 100 und 250 cm/sec² ($^1/_{10}$ bis $^1/_4$ g).
Schwere Zerstörungen an etwa $^3/_4$ der Gebäude, die meisten davon
stürzen ein. Selbst gut konstruierte hölzerne Gebäude und Brücken
werden schwer beschädigt, einzelne werden zerstört. Deiche und
Dämme können erheblich beschädigt werden; Eisenbahnschienen
werden leicht verbogen; Leitungsrohre im Boden abgeschert, zer-
rissen oder gestaucht. In Pflaster und Asphalt entstehen Risse und
durch Stauchung hervorgerufene breite, wellenförmige Falten.

In lockerem, namentlich feuchtem Erdreich entstehen Bodenrisse bis zu mehreren Dezimetern Breite. Nahe an Wasserläufen
können die diesen parallel laufenden Risse bis zu 1 m breit sein.
Lockerer Boden rutscht von Felsgehängen ab, Felsstürze gehen zu
Tal. Größere Steilküstenabbrüche, an Flachküsten gleitende Verschiebungen von Sand und Schlick, hierdurch oft wesentliche
Veränderungen des Bodenreliefs. Brunnen ändern häufig ihren
Wasserstand. Aus Flüssen, Kanälen, Seen wird Wasser an das Ufer
geschleudert.

XI. Grad. *Katastrophe.* B zwischen 250 und 500 cm/sec² ($^1/_4$ bis $^1/_2$ g).
Einsturz sämtlicher Steingebäude. Solide Holzbauten und nach-
giebige Flechtwerkhütten halten nur noch vereinzelt stand. Selbst
große und sicher konstruierte Brücken werden zerstört, hierbei
brechen die massiven Steinpfeiler ab und eiserne Pfeiler knicken
durch. Deiche und Dämme werden oft auf weite Strecken hin
ganz auseinandergerissen, Eisenbahnschienen stark verbogen und
gestaucht. Leitungsrohre im Boden werden völlig auseinandergerissen und unbrauchbar gemacht. Im Erdboden mannigfache
und recht umfangreiche Veränderungen. Breite Risse, Spalten,
erhebliche Setzungen. Schlamm und Sand führendes Wasser tritt
in verschiedenen Erscheinungsformen aus. Erdrutsche und Felsstürze sind zahlreich.

XII. Grad. *Große Katastrophe.* B größer als 500 cm/sec² ($^1/_2$ g). Kein
Werk von Menschenhand hält stand.

Die Umgestaltungen des Bodens nehmen die großartigsten
Maße an. Oberirdische und unterirdische Wasserläufe werden in
mannigfacher Weise verändert. Wasserfälle entstehen, Seen
werden aufgestaut oder laufen aus, Flüsse werden abgelenkt usw.

Für Seebeben hat *Sieberg* eine sechsstufige Stärkeskala aufgestellt:

I. Grad. *Leicht.* Etwa *Mercalli*-Grad III.
Zittern und leichtes Knirschen an Innenwänden, nur unter Deck
und bei ruhiger See bemerkbar.

II. Grad. *Mäßig.* Etwa *Mercalli*-Grad IV.
Erschütterungen wie bei leichtem Schurren über Grund, beim
Streifen eines Bollwerks oder beim schnellen Ausgeben der Anker-
kette. Deutliches Knarren der Planken und Einbauten.

III. Grad. *Ziemlich stark.* Etwa *Mercalli*-Grad V.
Kräftiger Ruck wie beim Auflaufen auf eine Sandbank, felsigen
Grund oder ein Riff, wie bei einem Zusammenstoß, als ob auf Deck
schwere Lasten geworfen oder Fässer gerollt würden oder als ob
Schraubenflügel abgebrochen wären. Ungewöhnliche Schwingun-
gen hängender Gegenstände, Krachen von Wanten, Rumpf und
Einbauten.

IV. Grad. *Stark.* Etwa *Mercalli*-Grad VI.
Wie vorher, jedoch so stark, daß das Schiff ins Schwanken kommt,
das Rad in den Händen des Rudergastes stößt, Rahen und Lade-
bäume klappern, wenig standfeste Gegenstände umfallen.

V. Grad. *Sehr stark.* Etwa *Mercalli*-Grad VIII.
Der Besatzung fällt das Stehen schwer, selbst größere Gegenstände
verschieben sich, stürzen um oder springen aus den Ständen. Das

ganze Schiff, Masten und Deckaufbauten ächzen schwer. Schwächere
Konstruktionsteile lockern sich. Das Schiff kann an Fahrt verlieren.
VI. Grad. *Zerstörend*. Stärker als *Mercalli*-Grad VIII.

Aufspringen von Fugen, Beschädigung oder Zerstörung von
Rahen, Masten, Deckaufbauten. Die Zerstörungen können sich soweit steigern, daß sie unter Umständen den Untergang des Schiffes
zur Folge haben.

In Abb. 15 sind alle Beziehungen zusammengefaßt, die zwischen
der größten Beschleunigung eines gleichmäßig schwingenden

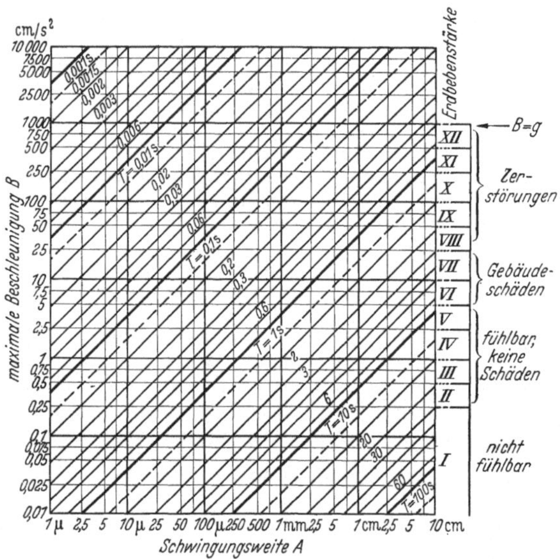

Abb. 15. Größte Beschleunigung der Bodenteilchen, Schwingungsweite, Schwingungsdauer. Mercalli-Cancani-Skala der örtlichen
Erdbebenstärke.

Bodenteilchens, der Schwingungsweite und der Schwingungsdauer bestehen, und am rechten Rand sind die *Mercalli*-Grade
angegeben. In einem rechteckigen Bereich kreuzen sich drei
Scharen gerader Linien. Die waagrechten sind Linien gleicher
Beschleunigung, die senkrechten sind Linien gleicher Schwingungsweite und die diagonal gerichteten sind Linien gleicher
Schwingungsdauer. Durch jeden Punkt des Rechtecks geht je
eine ausgezogene oder gedachte Linie von jeder Schar. Ihre Be-
zifferung gibt an, welche Werte der Schwingungsweite A, der

Schwingungsdauer T und der größten Beschleunigung B zusammengehören. So liest man ab: eine Schwingung mit der Periode 2 Sekunden und der Amplitude 750 μ[1] hat eine größte Beschleunigung von 0,75 cm/sec²; ihr entspricht die Erdbebenstärke III, sie bringt fühlbare, aber harmlose Erschütterungen hervor. Weniger harmlos ist die Schwingung von gleicher Schwingungsweite mit der kürzeren Periode 0,2 Sekunden. Sie hat eine größte Beschleunigung von 75 cm/sec², fast $^1/_{10}$ der Schwerebeschleunigung g; ihr entspricht die Bebenstärke IX, und sie verursacht beträchtliche Zerstörungen.

Aus Abb. 15 läßt sich unmittelbar ablesen, daß die Bebenstärke bei gleicher Schwingungsweite mit abnehmender Schwingungsdauer und bei gleicher Schwingungsdauer mit zunehmender Schwingungsweite wächst. Für die Praxis ist es noch wichtig, zu erfahren, welche Perioden und Amplituden der Fühlbarkeitsgrenze (0,25 cm/sec²), dem Beginn der Gebäudeschäden (5 cm/sec²) und dem Beginn der Zerstörungen (25 cm/sec²) entsprechen. Hierfür liest man die folgenden Werte von T und A aus Abb. 15 ab.

T

| | Erdbebenschwingungen | | | | | Industrie- und Verkehrserschütterungen | | |
| | langsame | | mittlere | | schnelle | | | | |
	30	10	3	1	0,3	0,1	0,03	0,01	0,003 sec
A	mm	mm	mm	mm	mm	mm	mm	mm	mm
Fühlbarkeitsgrenze	50	7	0,5	0,07	0,005	0,0007	0,00005		
Beginn der Schäden		150	10	1,5	0,1	0,015	0,001	0,00015	
Beginn der Zerstörungen			50	7	0,5	0,07	0,005	0,0007	0,00005

Wie man sieht, sind bei langsamen Erdbebenschwingungen schon große Ausschläge nötig, damit die Bewegungen nur fühlbar sind. Bei schnellen Erdbebenschwingungen genügen bereits kleine Amplituden, um große Wirkungen hervorzurufen. Die Amplituden von Industrie- und Verkehrserschütterungen dürfen $^1/_{10000}$ bis

---

[1] μ (griech. Buchstabe My) $= {}^1/_{1000}$ mm.

$^{1}/_{1000}$ mm nicht wesentlich übersteigen, wenn sie ungefährlich bleiben sollen. Fühlbar sind sie schon, wenn sie noch viel kleiner sind.

Nach den Beobachtungen im Gelände zeichnet man eine Karte der Erdbebenstärke. Die Orte, in denen das Beben mit gleicher

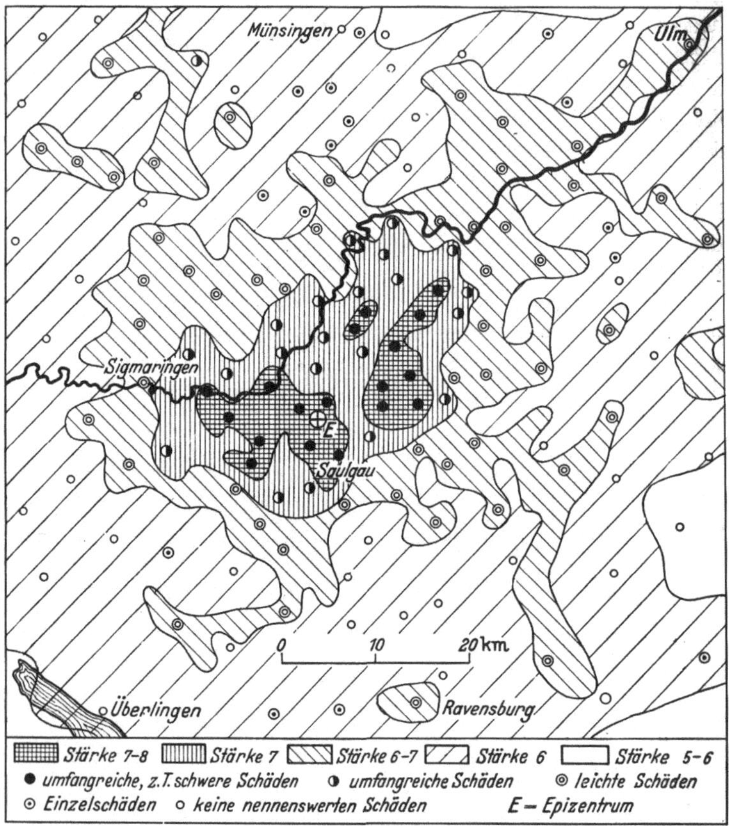

Abb. 16. Oberschwäbisches Beben vom 27. Juni 1935. Erdbebenstärke und Verteilung der Schäden im inneren Schüttergebiet. Nach *W. Hiller*.

Stärke auftritt, werden mit Linien gleicher Erdbebenstärke, sogenannten *Isoseisten*[1] verbunden; und die zwischen den Isoseisten gelegenen Flächen werden oft so ausgefüllt, daß sie um so dunkler

---

[1] Iso . . . (griech.) = gleich

erscheinen, je größer die Erdbebenstärke ist. Eine solche Karte der Erdbebenstärke, in die auch die Art der Erdbebenschäden eingetragen ist, zeigt Abb. 16. Sehr lehrreich ist Abb. 17. Hier handelt es sich um das kalifornische Erdbeben vom 18. April 1906, das in San Franzisko schweren Schaden angerichtet hat. Das Herdgebiet zieht sich langgestreckt die San Andreas-Verwerfung entlang. Dort kommen die beschriebenen Blockverschiebungen vor (Abb. 2, S. 11). Ihre Richtung wird von den dick eingetragenen Pfeilen angegeben.

Der Einfluß des Untergrundes ist gut zu erkennen. Bei gleichförmig aufgebautem Untergrund wäre zu erwarten, daß die Isoseisten im ganzen Schüttergebiet der Verwerfung parallel laufen und eine regelmäßige Abnahme der Erdbebenstärke nach der Seite andeuten. So ist es im nordwestlichen Teil des Schüttergebietes im großen und ganzen tatsächlich der Fall. In der Mitte und im Südosten jedoch kommen

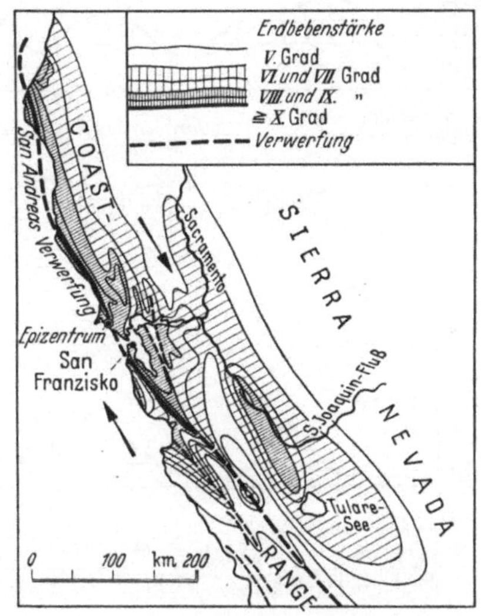

Abb. 17. Kalifornisches Beben vom 18. April 1906. Bebenstärke.

große Abweichungen von einer solch einfachen Verteilung der Erdbebenstärke vor. Zunächst zeigt sich an mehreren Stellen an Ausbuchtungen der Isoseisten, daß sich die Erdbebenerschütterungen längs verschiedener Verwerfungen besonders gut fortpflanzen, von den Verwerfungen gewissermaßen geführt werden. Sonst scheinen die Gebirge — Küstenkette (coast range) und Sierra Nevada — im wesentlichen Gebiete normaler Erdbebenausbreitung zu sein. Auffällig aber ist das ausgedehnte Gebiet unnormal großer Erdbebenstärke in dem zwischen den Gebirgen ausgebreiteten Tal, das den Unterlauf des Sacramento und des S. Joaquin-Flusses sowie den Tulare-See enthält. Das Tal ist mit

Lockermassen und Schwemmland ausgefüllt, deren Erdbeben-
gefährlichkeit hier augenfällig in Erscheinung tritt.

Im einzelnen konnte man den Untergrundeinfluß bei dem
süddeutschen Beben vom 16. November 1911 sehr deutlich nachweisen. Abb. 18 gibt zwei geologische Schnitte durch das Schüttergebiet. Der eine hält sich in Herdentfernungen von 50 bis

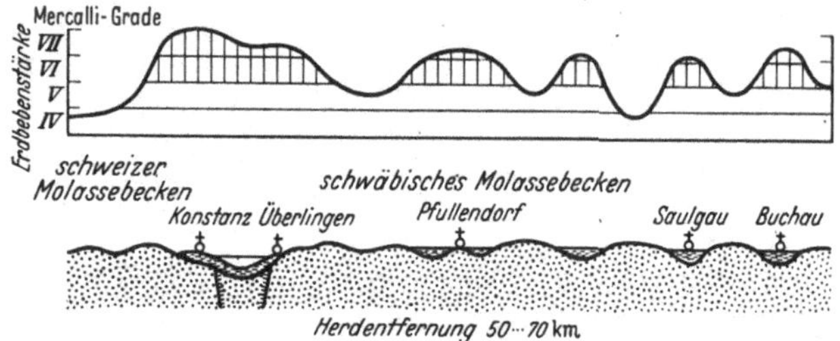

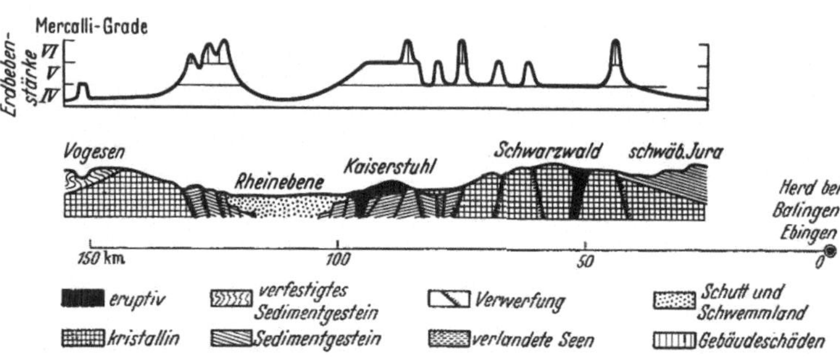

Abb. 18. Süddeutsches Beben vom 16. November 1911. Abhängigkeit
der Bebenstärke vom geologischen Aufbau des Untergrundes. Nach
A. Sieberg und *R. Lais.*

70 km und verläuft in etwa nord-südlicher Richtung von Buchau
am Federsee bis Konstanz; der andere enthält den Herd (bei
Balingen-Ebingen im Schwäbischen Jura), erstreckt sich west-
wärts und quert Schwarzwald, Rheintal und Vogesen. Bei normaler Erdbebenausbreitung müßte die Herdstärke in dem ersten
Profil überall ungefähr die gleiche sein, im zweiten Profil müßte sie

systematisch von Osten nach Westen abnehmen. Die Verteilung der beobachteten Erdbebenstärke weicht aber bedeutend von dieser Annahme ab. Wie die über den geologischen Schnitten eingezeichneten Kurven zeigen, schwingt das ganze Gebiet mit der Bebenstärke IV bis V, und an bestimmten Stellen ist die Erdbebenstärke etwa 2 Grade größer. Dies ist im ersten Profil durchweg bei verlandeten Seen der Fall; im zweiten Profil schwingen

das vulkanische Kaiserstuhlgebirge und die westlichen Randstaffeln des Rheintalgrabens um 1 Grad stärker als ihre Umgebung, und es sind überdies die Verwerfungen besonders wirksam. Die geringe Erdbebenstärke westlich von den Vogesen kann der größeren Herdentfernung zugeschrieben werden; auffallend dagegen ist, daß am rechten Ende des Profils der herdnahe Rand des Schwäbischen Juras keine größeren Erdbebenstärken aufweist. Sehr schön läßt sich auch an der in Abb. 19 eingetragenen Richtung des ersten Erdbebenstoßes der erd-

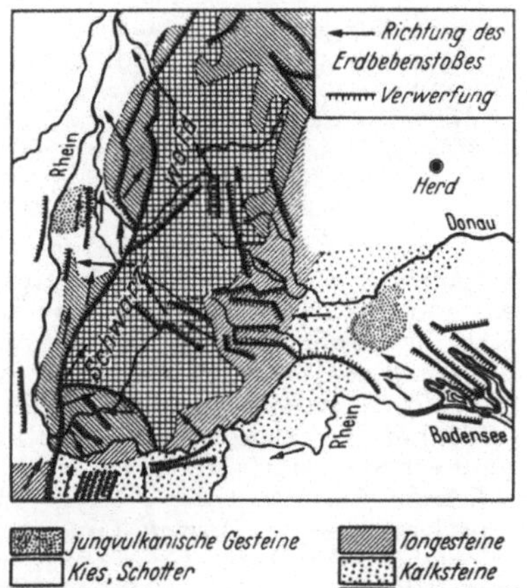

Abb. 19. Süddeutsches Beben vom 16. November 1911. Abhängigkeit der Stoßrichtung vom Aufbau des Untergrundes. Nach *W. Deecke* und *A. Sieberg.*

bebenführende Einfluß der Verwerfungssysteme erkennen.

Aus zahlreichen ähnlichen Untersuchungen in verschiedenen Erdbebengebieten hat man die verschiedenen Bodenarten nach ihrer Gefährlichkeit geordnet und ihre zusätzliche Erdbebenstärke bestimmt. Gefährlich sind vor allem Lockerböden, und zwar um so mehr, je geringer ihre Mächtigkeit ist und je stärker sie durchfeuchtet sind. Bei Gesteinen ist lockere Verwitterungskruste gefährlich, besonders wenn sie auf dem Felsuntergrund rutschen kann. *A. Sieberg* gibt folgende Zusammenstellung:

Lockerböden.

Alluvionen[1], *Geschiebe, Sande, Grus, Torf.* Zusätzliche Bebenstärke 1—2 *Mercalli*-Grade. Gefährlichkeit zunehmend mit der Durchwässerung.

Tonböden, Mergel, Löß, Lehm, Geschiebelehm. Zusätzliche Bebenstärke 1 — 3 *Mercalli*-Grade. In trockenem, kompaktem Zustand wenig gefährlich, bei Durchnässung sehr gefährlich, steigend mit der Zunahme der Plastizität oder Breiigkeit. Tone und Mergel können auch als oberflächennahe Einlagerung zwischen dünnen Gesteinsplatten gefährlich werden.

Schuttböden, natürliche und Bauschutt. Zusätzliche Bebenstärke 2 — 3 *Mercalli*-Grade. Sehr gefährlich, und zwar um so mehr, je größer die eckigen Brocken und damit die Zwischenräume sind, die entsprechendes Zusammensacken ermöglichen.

Marsch- und Moorböden, verlandete Seen. Zusätzliche Bebenstärke 3 bis 4 *Mercalli*-Grade. Stets äußerst gefährlich wegen Nachgiebigkeit.

Gesteine.

Quarzite, Kieselschiefer, massige Kalkgesteine, Marmore, Dolomite. Ungefährlich. Keine zusätzliche Erdbebenstärke. Äußerst wenig Verwitterungsboden. Die Kieselgesteine verwittern sehr schwer; reiner Kalk hinterläßt keinen Rückstand, unreiner bloß Beimengungen und Dolomite den Grus aus Bitterspatkristallen.

Sandstein, Brekzien, Konglomerate. Zusätzliche Bebenstärke 1 — 2 *Mercalli*-Grade. Verwitterungsboden: loser Sand mit mehr oder minder zahlreichen Gesteinsbrocken.

Granite, Quarzporphyre, Trachyt, Diabase, Gneise. Zusätzliche Erdbebenstärke 1 — 2 *Mercalli*-Grade. Verwitterungsboden: Grus von Mineralkörnern, beim Quarzporphyr mehr grobkörnig, beim Diabas mehr lehmig. Letzterer verwittert überaus leicht. Bei dem weit verbreiteten Granit reicht die Verwitterung oft sehr tief von den Klüften mit Zermürbung ausgehend. Wird der Grus ausgeschwemmt, so bleibt ein Blockmeer übrig.

Basalte, Phonolite, Grauwacken, Tonschiefer, Tuffe. Zusätzliche Bebenstärke 1 — 3 *Mercalli*-Grade. Verwitterungsboden: Lehme und Tonböden, bei Tonschiefern und Tuffen besonders tiefgründig.

Läßt man die gefährlichsten Untergrundarten unbebaut, so können die schwersten Erdbebenschäden vermieden werden. Der XI. Grad der *Mercalli-Cancina-Sieberg*-Skala ist in historischer Zeit in größeren Städten nicht überschritten worden; man wird also damit rechnen dürfen, daß der alles zerstörende XII. Grad nur äußerst selten erreicht wird und Erschütterungen vom

---

[1] Alluvium (lat.: das Angeschwemmte): Die jüngste geologische Schicht, deren Ablagerung noch heute vor sich geht. Durchweg lockere Bildungen, wie Torf-, Fluß- und Seeablagerungen, Dünensande, Marschen, Kalktuffe, Gehängeschutt, Gekrieth, Schuttkegel, Bergstürze, vulkanische Produkte.

XI. Grad im allgemeinen nur auf besonders gefährlichem Untergrund vorkommen. Danach genügt es, nur den weniger gefährlichen Untergrund zu bebauen und die Gebäude so auszuführen, daß sie Erdbebenstärken vom IX. Grad und dem Beginn des X. Grades aushalten. Entsprechend hat man in Tokio nach dem großen Beben von 1923 folgende Hochbauvorschriften erlassen: Allgemein muß eine größte waagrechte Beschleunigung von $0,10$ g ($= 98$ cm/sec^2) berücksichtigt werden, bei Schornsteinen, Türmen und turmartigen Gebäuden von mehr als 15 m Höhe sogar $0,15$ g (147 cm/sec^2). Häuser aus Holz und Mauerwerk sollen nicht höher als $13,7$ m gebaut werden, Häuser aus Stahl und Eisenbeton nicht höher als 30 m. Die besonders wichtigen Brücken, deren Einsturz so zahlreiche Opfer gefordert hat, sollen waagrechten Beschleunigungen von $^1/_3$ g (327 cm/sec^2) und senkrechte Beschleunigungen von $^1/_6$ g (164 cm/sec^2) aushalten. Diese Vorschriften dürften im allgemeinen für die notwendige Sicherheit ausreichen.

Andere Erdbebenländer, z. B. Italien, Griechenland und Chile geben Vorschriften heraus, in denen die unterschiedliche Festigkeit der verschiedenen Bodenarten berücksichtigt wird. Hierbei ist es vielfach üblich, die zulässige Baugrundbeanspruchung als Maß der Bodenfestigkeit zu benutzen. Eine gebräuchliche Vorschrift verlangt, daß die Gebäude bei einer zulässigen Baugrund-

$$\text{beanspruchung von}\begin{cases}\text{weniger als } 2,2 \text{ kg/qcm}\\ 2,2 \text{ bis } 4,4 \text{ kg/qcm}\\ \text{mehr als } 4,4 \text{ kg/qcm}\end{cases}\text{waagrechte}$$

$$\text{Erdbebenbeschleunigungen von}\begin{cases}20\%\\ 15\%\\ 10\%\end{cases}\text{der Schwerbeschleu-}$$

nigung g aushalten. Alle diese Zahlen entsprechen der Erdbebenstärke X.

Die Untersuchungen über Erdbebenstärke, Untergrund und Gebäudeschäden sind noch im Anfangsstadium, insbesondere fehlt es noch an zuverlässigem instrumentellem Beobachtungsmaterial. Man braucht vor allem noch Erdbebenmessungen auf verschiedenen Böden in verschiedenen Stockwerken verschieden konstruierter Gebäude. Die Aufzeichnungen der Erdbebenwarten sind für die bautechnischen Zwecke wenig geeignet, da man die

Erdbebenwarten auf möglichst festem Untergrund errichtet, um von dem Einfluß der verschiedenen Bodenarten möglichst frei zu sein. Bei der Untersuchung von Gebäuden auf ihre Schwingungsfähigkeit hat sich auch die Anwendung künstlich erzeugter Schwingungen vielfach bewährt.

Abgesehen von den Unregelmäßigkeiten der Erdbebenstärke, die als Folge des vielseitigen Schollenaufbaues der Erdkruste

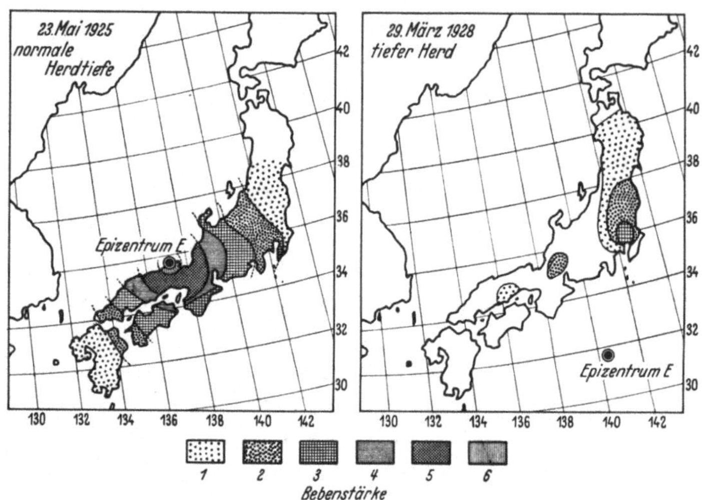

Abb. 20. Schüttergebiet japanischer Beben mit normaler und großer Herdtiefe. Nach *K. Wadati*.

anzusehen sind, zeigt eine großzügigere Betrachtung der Erdbebenwirkungen in den meisten Fällen, daß die größeren Erdbebenstärken in dem Kern des Schüttergebietes auftreten, an den sich außen die Zonen geringerer Erdbebenstärken und das weite Gebiet der Unfühlbarkeit anschließen. Wie zu erwarten, fällt auch bei den meisten Beben das aus den Instrumentenaufzeichnungen berechnete Epizentrum mit dem Kern des Schüttergebietes zusammen. Ein schönes Beispiel dieser Art zeigt die linke Hälfte der Abb. 20.

Vor etwa 30 Jahren wurde man darauf aufmerksam, daß sich eine Gruppe von Erdbeben diesem Prinzip nicht unterordnen läßt. Selbst wenn die instrumentellen Aufzeichnungen aus größerer

46

Ferne auf einige Stärke im Herd schließen ließen, so waren
bei diesen Beben die fühlbaren Wirkungen unerwartet gering;
dabei bestand das Schüttergebiet aus mehreren getrennten,
manchmal weit auseinanderliegenden Teilen, und von einem eigentlichen Kern war keine Andeutung vorhanden. Das aus den
instrumentellen Beobachtungen berechnete Epizentrum lag oft
abseits außerhalb vom Schüttergebiet (Abb. 20, rechte Hälfte).
In Übereinstimmung mit den Laufzeiten solcher Beben konnte
nachgewiesen werden, daß ihr Ursprung in ungewöhnlich großer
Tiefe liegt. Die aus Tiefen von mehreren hundert Kilometern
aufsteigenden Erdbebenwellen sind infolge ihrer Ausbreitung bei
der Ankunft an der Erdoberfläche bereits so geschwächt, daß sie
nur an solchen Stellen fühlbar werden, wo der Untergrund besonders leicht schwingt; und es ist dann die Bebenstärke im
Schüttergebiet weniger ein Anzeichen für die Herdlage als für
die Schwingungsfähigkeit des Untergrundes.

Die Erdbebenstärken im Schüttergebiet sind nicht ohne weiteres ein Maß für die Gewalt des Bebenvorganges im Herd. Ein
dicht unter der Erdoberfläche gelegener schwacher Herd kann
im Schüttergebiet heftigere Wirkungen ausüben als ein tief gelegener starker Herd. Da nun bei gleich starken Wirkungen
die des tieferen Herdes weiter reichen als die des oberflächennahen, ist unter Berücksichtigung der Ausdehnung des Schüttergebietes und mit Heranziehung instrumenteller Beobachtungen
eine Abschätzung der Herdenergie größenordnungsmäßig
möglich.

Eine rohe Einteilung der Erdbeben nach der Energie des
Herdvorgangs ist die Unterscheidung von Ortsbeben, Kleinbeben,
Mittelbeben, Großbeben und Weltbeben. Ihre Merkmale hat
A. Sieberg übersichtlich zusammengestellt (s. nachfolgende Tabelle).

In einigen Fällen ist es gelungen, die Energie des Herdvor-
ganges abzuschätzen. Um sich eine Vorstellung hiervon zu
machen, denkt man sich, es wäre möglich, die ganze nutzlose
und schädliche Erdbebenenergie in nützliche elektrische Energie
zu verwandeln. So kann man die Erdbebenenergie in Kilowattstunden angeben. Aus den Beträgen der Blockverschiebung an
der San Andreas-Verwerfung hat man abgeschätzt, daß die gesamte Energie des kalifornischen Bebens vom 18. April 1906

	Reichweite		Größte Stärke im Schüttergebiet	Herdlage
	ohne Instrumente km	mit Instrumenten km		
Ortsbeben	unter 200	unter 500	unter VI	oberflächennah
oberflächennahe Kleinb.	unter 400	500—5000	VII—X	oberflächennah
tiefe Kleinb.	unter 600	2000—5000	VI—VIII	tief
Mittelbeben	300—1000	5000—10000	VII—X	von großer Tiefe bis zur Oberfläche
Großbeben	über 500	10000—18000	VIII—XII	sehr tief
Weltbeben	1000—2000	18000—20000	X—XII	von sehr gr. Tiefe bis zur Oberfläche

etwa 44 Milliarden Kilowattstunden betrug. Naturgemäß ist eine solche Abschätzung sehr unsicher. In den letzten Jahren ist es nun *B. Gutenberg* und seinen Mitarbeitern gelungen, Methoden auszuarbeiten, mit denen man die Energie starker Erdbeben aus den Aufzeichnungen der Erdbebenwarten ermitteln kann. Hierbei hat sich gezeigt, daß man die Erdbebenenergie bisher weit unterschätzt hat. Nach den neueren Untersuchungen sind beim kalifornischen Erdbeben von 1906 und beim großen japanischen Beben von 1923 Energien von ungefähr 20 Billionen und 16 Billionen Kilowattstunden frei geworden. Das ist ungefähr das 25fache und das 20fache des Jahresverbrauchs von elektrischer Energie auf der Erde[1]. Das Messina-Beben von 1908 hatte eine Energie von ungefähr 900 Milliarden Kilowattstunden, und die Energie des Bebens von Lissabon (1755) mag vielleicht 400 Billionen Kilowattstunden betragen haben.

Man kann auch die Erdbeben mit der Erschütterung vergleichen, die ein senkrecht herabfallendes Gewicht beim Aufschlag an der Erdoberfläche hervorruft. Damit ein Erdbeben in Herdnähe gerade noch von den gebräuchlichen Seismographen aufgezeichnet wird, muß es etwa die Energie von einem Meterkilogramm, d. h. die Wirkung eines aus 1 m Höhe herabgefallenen

---

[1] 800 Milliarden Kilowattstunden 1950.

Kilogrammgewichtes, haben. Um ein fühlbares Erdbeben zu erzeugen, muß das Kilogrammgewicht mit seinem Fall etwa einen Kilometer über der Erdoberfläche beginnen, oder es muß die Masse einer Tonne aus der Höhe von einem Meter herabfallen. Die Energie des kalifornischen Bebens entspricht dem Aufschlag eines aus einer Höhe von 280 km herabgefallenen Granitfelsens von 10 Kubikkilometern Rauminhalt und der Masse von 26 Milliarden Tonnen.

Natur und Ursache der Erdbeben

Erdbeben treten auf, wenn sich Spannungen im Erdinnern plötzlich entladen. Die Natur der gespannten Energie und die Art der Auslösung bestimmen die Erscheinungsform des Bebens.

Eindrucksvoll und augenfällig ist die Auslösung unterirdischer Spannungen bei Vulkanausbrüchen. Gasexplosionen im Magmaherd und im Vulkanschlot bringen Erschütterungen hervor, die als *vulkanische Erdbeben* so bekannt sind, daß man sie in Laienkreisen vielfach für die einzige oder wenigstens die wichtigste Art von Erdbeben hält. Diese Ansicht besteht nicht zu Recht. Vulkanische Beben können an Ort und Stelle sehr heftig sein; sie breiten sich aber nur selten bis in größere Entfernungen aus und bleiben fast stets auf den Aschenkegel des Vulkanes und seine nächste Nachbarschaft beschränkt. Man schätzt, daß nur etwa 7% der Erdbeben vulkanischen Ursprung haben. Groß- und Weltbeben kommen unter ihnen nicht vor, schon vulkanische Mittelbeben sind äußerst selten. Den vulkanischen Beben verwandt sind die erdbebenartigen Erschütterungen großer Explosionskatastrophen. Sie lassen sich bisweilen einige hundert Kilometer weit in den Aufzeichnungen der Erdbebenwarten verfolgen und sind wie Nahbeben für die Erforschung der Erdkruste von Bedeutung. Eine der am besten untersuchten Explosionen ist das „Oppau-Beben" vom 21. September 1921.

Etwa 3% der Erdbeben sind *Einsturzbeben*. Sie entstehen beim Einsturz unterirdischer Hohlräume, wenn die Gesteinsdecke so zermürbt ist, daß ihre Festigkeit nicht mehr ausreicht, die Last der darüberliegenden Schichten zu tragen. Die Hohlräume entstehen in Kalkgebirgen und im Salz durch die auslaugende Tätigkeit des Wassers. Die Energie der Einsturzbeben ist gering;

ganz selten wird die Stärke eines Mittelbebens erreicht. Den Einsturzbeben ähnlich sind die Erschütterungen beim Aufschlag großer Meteorite. Das Aufschlagsbeben des großen sibirischen Meteors vom 30. Juni 1908 hat man noch in Hamburg und Jena, über 5200 km von der Aufschlagstelle entfernt, aufgezeichnet. Mit den Einsturzbeben verwandt sind auch die *Bergschläge*, in denen sich die durch den Bergbau geschaffenen Spannungen entladen.

Die übrigen 90% sind *tektonische Erdbeben*[1]. Sie entstehen, wenn gespannte, gepreßte, verdrehte oder sonstwie belastete Teile der Erdkruste über ihre Festigkeitsgrenze hinaus beansprucht werden und unter plötzlichem Bruch eine neue Gleichgewichtslage aufsuchen. Die Erschütterung entsteht z. T. beim Aufreißen des Bruches, hauptsächlich aber wohl durch die Reibung an den Bruchflächen der gleitenden Schollen. Die Richtung der ersten Erdbebenstöße ist in charakteristischer Weise verteilt (Abb. 21). Die meisten Mittelbeben und wohl alle Groß- und Weltbeben haben tektonischen Ursprung. Einen Eindruck von ihrer Bedeutung im Vergleich zu vulkanischen Beben und Einsturzbeben gibt schon die Aufstellung der größten Herdentfernungen, aus denen Fühlbarkeitsmeldungen vorliegen.

Lissabon 1755	2500 km	⎫
Mississippi-Tal 1811	1760 km	⎪
Mino-Owari 1891	640 km	⎬ tektonische Beben
San Franzisko 1906 . . .	560 km	⎪
Messina 1908	200 km	⎭
Bandai-Berg (Japan) 1888 . .	50 km	vulkanisches Beben
Thüringen 1926	60 km	größeres Einsturzbeben

Die Energie der vulkanischen Beben und Einsturzbeben läßt sich nur sehr ungenau ermitteln. Sie dürfte $^1/_{1000}$ der Energie größerer tektonischer Beben nur selten übersteigen.

Wie bei vielen Vorgängen in Natur und Technik hat man zwischen spannungserzeugenden und auslösenden *Erdbebenursachen* zu unterscheiden. Die spannungserzeugenden Ursachen haben ihren Sitz in der Erde und wirken oft aus großer Tiefe; sie schaffen den gespannten, erdbebenbereiten, nach gewaltsamer

---

[1] Tektonik: Die Wissenschaft vom Aufbau der Erdkruste und den Bewegungen der Erdkrustenteile.

Entladung drängenden Zustand. Die Auslösung kann dadurch erfolgen, daß die Festigkeitsgrenze des Materials bei weiterer

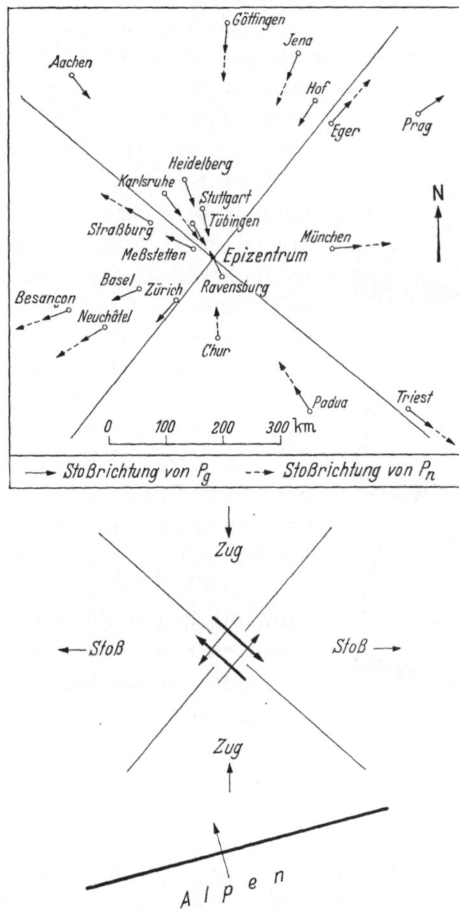

Abb. 21. Oberschwäbisches Beben vom 27. Juni 1935. Oben: Stoßrichtung der Verdichtungswellen[1]. Unten: Richtung der Scherkräfte im Herd und Verteilung von Stoß und Zug. Nach *W. Hiller*.

Steigerung der spannenden Kräfte überschritten wird und es hierbei zum plötzlichen Bruch kommt. In sehr vielen Fällen aber wird

____

[1] Über die Bedeutung von P_g und P_n siehe Seite 121

schon vorher ein von außen einwirkender Vorgang, der mit dem
gespannten Zustand der Erdkruste in keiner Beziehung zu stehen
braucht, die Auslösung des Erdbebens veranlassen.

Schollenverbiegung und Bruch bei einem tektonischen Beben
sind in Abb. 22 an dem Beispiel eines Verwerfungsbebens mit
waagrechter Versetzung angedeutet[1]. Ähnlich mag der Vorgang
beim kalifornischen Erdbeben von 1906
gewesen sein (vgl. Abb. 2, S. 11, und
Abb. 17, S. 41). Im oberen Teil der Abbildung sieht man einen aus der Erdkruste ausgeschnittenen Block im ur-
sprünglichen Zustand, der Anschaulich-
keit wegen in Felder eingeteilt, deren
Grenzen senkrecht zur punktiert eingetragenen späteren Rutschfläche verlaufen.
Schubkräfte, deren Ursprung in der Tiefe
zu suchen ist, verbiegen die Scholle, wie
es der mittlere Teil der Abbildung zeigt.
Nach dem Bruch stellt sie sich in die
im unteren Teil aufgezeichnete Lage ein.
Im Idealfall ist dann die Verwerfung
spannungsfrei. Oft jedoch werden Rest-
spannungen übrigbleiben, die an der
aufgelockerten Verwerfung nach kurzer
Zeit unter schwächeren Bebenerscheinungen, den *Nachbeben*, ausgeglichen
werden.

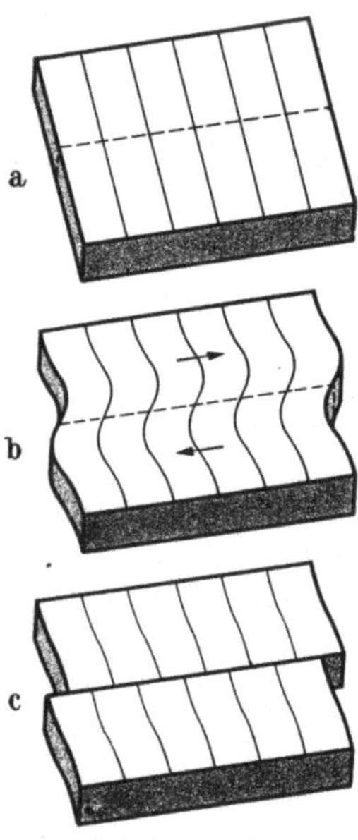

Abb. 22. Schollenver-
schiebung und Bruch
als Ursache tektonischer
Beben.

Die Nachbeben können sehr zahlreich
sein; beim Mino-Owari-Beben von 1891
waren es im Anfang mehrere hundert
im Tag. Ihre Zahl nahm mit der Zeit ziemlich regelmäßig ab
(Abb. 23 links). Gelegentlich wird der Abklingungsvorgang
von einem stärkeren Beben und seiner Nachbebenserie unterbrochen (Abb. 23 rechts).

---

[1] In der Geologie pflegt man von Verwerfungen nur dann zu reden,
wenn ein wesentlicher Teil der Schollenverschiebung in senkrechter
Richtung vor sich geht. Für die Erdbebenkunde ist die Richtung der
Versetzung unwesentlich, und es soll hier jede Versetzung längs einer
nahezu ebenen Rutschfläche als Verwerfung bezeichnet werden.

Oft kommt es vor, daß ein Bruch nicht mit einem Schlage aufreißt, sondern nach und nach in einer Folge kleinerer Bruchvorgänge vorbereitet wird. Dann können zahlreiche *Vorbeben* mit

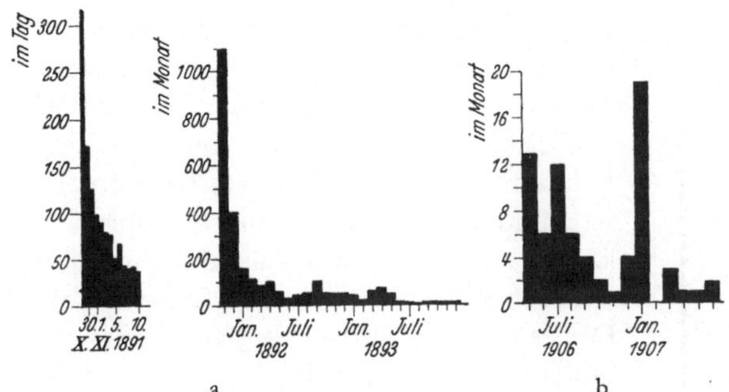

Abb. 23. Zahl der Nachbeben: a) des Mino-Owari-Bebens vom 28. Oktober 1891, b) des kalifornischen Bebens vom 18. April 1906. Nach *F. Omori* und *E. Tams*.

wachsender Häufigkeit und Stärke das Hauptbeben ankündigen (Abb. 24). Läßt die spannungserzeugende Kraft während dieses Vorganges nach, so ist es möglich, daß es gar nicht zu einem ausgesprochenen Hauptbeben kommt und es bei einer großen Zahl an Häufigkeit erst wachsender, dann abnehmender schwacher Beben bleibt. Diese Erscheinung wird *Erdbebenschwarm* genannt (Abb. 25; Abb. 57, S. 90).

Tektonische Beben können nur auftreten, wo die Anhäufung größerer Spannungen möglich ist, die Gesteine Festigkeit genug besitzen, um in hinreichendem Maße den anwachsenden Kräften standzuhalten und den Spannungsausgleich längere Zeit zu verhindern, bis schließlich die Beanspruchung so groß wird, daß der Bruch eintritt. Plastisches, fließfähiges Material weicht unter der

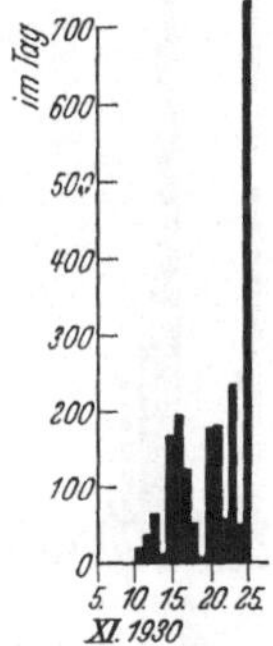

Abb. 24. Zahl der Vorbeben des Nord-Idu-Bebens (Japan) vom 26. Nov. 1930. Nach S. *I. Kunitomi*.

Kraftwirkung aus. Hier kommt es zu keiner Spannungsanhäufung, zu keinem Bruch und zu keinem tektonischen Beben, wenn die Spannungen sich in langen Zeiten entwickeln. Entwickeln sich die Spannungen aber so schnell, daß sich das Material ihnen nicht anpassen kann, so kommen auch in fließfähigem Material Brüche und tektonische Beben vor. Auf diese Weise lassen sich die tiefen Erdbeben erklären, deren tektonische Natur aus den beobachteten Stoßrichtungen erwiesen ist, obwohl man aus anderen Vorgängen weiß, daß das Material in den Tiefen ihrer Herde fließen kann.

Vieles Material, das kurz und plötzlich wirkenden Kräften den Widerstand eines festen Körpers entgegensetzt und bei zu starker akuter Beanspruchung scharfkantig bricht, kommt unter Einwirkung selbst schwacher Dauerkräfte zu langsamem, zähem Fließen. Dieser Zustand wird *säkularflüssig*[1] genannt. Manche Stoffe, z. B. Fensterglas, nehmen ihn in deutlich wahrnehmbarer Weise erst bei starker Erhitzung an. Andere, wie Siegellack, zeigen ihn schon bei gewöhnlicher Temperatur; man muß nur etwas warten, bis das sehr langsame Fließen sichtbar wird (Abb. 26). Hier handelt es sich um Fließgeschwindigkeiten, die selten mehr als einige Zentimeter im Monat, oft nur etwa einen Zentimeter im Jahr und noch viel weniger betragen.

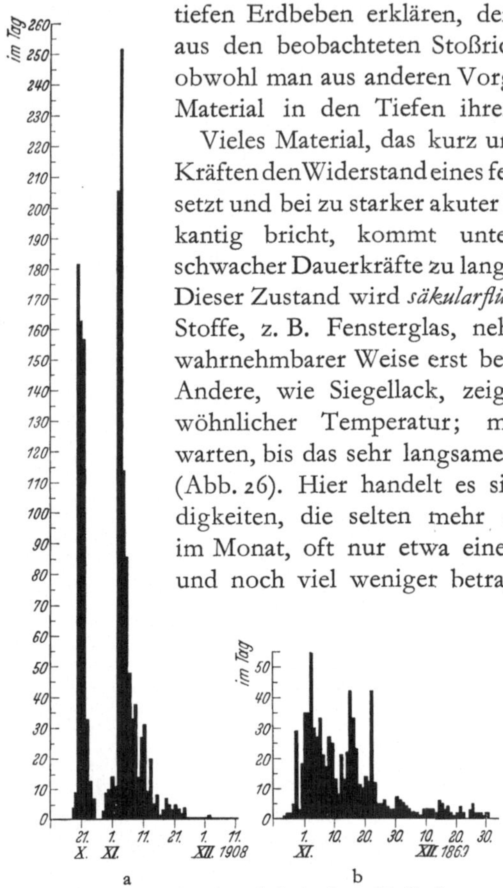

Es ist möglich, daß die Eigenschaften des säkularflüssigen Körpers allen Stoffen zukommen, die Fließgeschwindigkeit aber bei normaler Temperatur so gering ist, daß man das Fließen nur in Ausnahmefällen bemerkt. In den tieferen Schichten der Erde muß das säkulare Fließen allgemein verbreitet sein; anders wäre es nicht möglich, daß mächtige Gesteinsschichten in so

Abb. 25. Bebenhäufigkeit bei Erdbebenschwärmen, a) Vogtland 1908, b) Groß-Gerau 1869. Nach *A. Sieberg* und *H. Landsberg*.

---

[1] saeculum (lat.): = das Jahrhundert. Säkularflüssig = flüssig unter Einwirkung jahrhundertelang andauernder Kräfte.

großartiger Weise bruchlos gefaltet werden, wie man es an vielen
Orten feststellen kann[1]. In den Faltungstiefen herrschen Temperaturen von mehreren hundert, vielleicht auch über tausend
Grad. Diese hohen Temperaturen bringen säkulare Fließfähigkeit hervor; gerichteter Druck setzt die Massen gegeneinander
in Bewegung, knetet und faltet sie; und die lange Zeit bringt es
mit sich, daß trotz der geringen Fließgeschwindigkeiten große
Wirkungen erzielt werden. In solchen Tiefen geht die Faltung ohne
Bruch, also auch ohne tektonische Beben, vor sich. Die oberen
Schichten dagegen sind nicht faltbar und können nur unter
Brucherscheinungen umgestaltet werden. Die Brüche sind von Erdbeben
begleitet. In mittleren Tiefen können
sich Faltung und Bruch zur *Bruchfaltung*
vereinigen.

Diese Vorgänge spielen sich in denjenigen Erdschichten ab, die man mit
der Bezeichnung *Erdkruste* zusammenfaßt. Hauptkennzeichen der Erdkruste
ist ihr Schollenaufbau. Sie reicht so

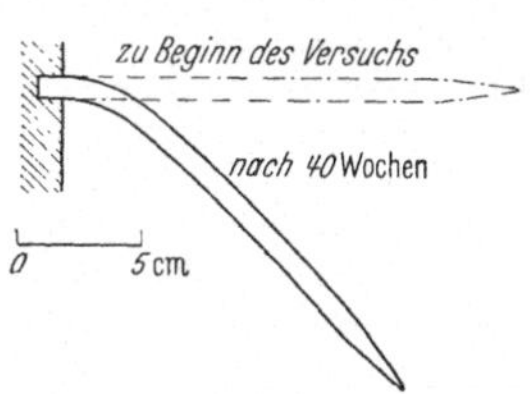

Abb. 26. Fließen einer
Siegellackstange.

tief, wie Unterschiede im Aufbau von nebeneinanderliegendem Material vorkommen. Unter der Erdkruste werden diese
Unterschiede ausgeglichen: das fließbare Material hat sich so geordnet, daß das tiefe Erdinnere aus konzentrischen Kugelschalen[2] besteht, die in sich gleichförmig sind (Abb. 66, S. 112).

Grob gesagt, kann man wohl in der Erdkruste eine obere
Bruchzone und eine untere *Fließzone* unterscheiden. Bruchzone und
Fließzone sind nicht scharf getrennt, sie gehen im Gebiet der
Bruchfaltung ineinander über.

Faltung und Bruch kommen nicht nur örtlich übereinander vor,
sie können sich auch zeitlich nacheinander auswirken. Gelangen
gefaltete Schichten im Laufe des erdgeschichtlichen Geschehens
aus der Fließzone näher an die Oberfläche, so erweisen sie sich
als besonders widerstandsfähig gegen weitere Faltung; man sagt,
sie sind „totgefaltet". Totgefaltete Gesteine können nur noch

---

[1] *W. von Seidlitz*, Bau der Erde, Verständliche Wissenschaft Bd. 17,
Abb. 31, S. 76.
[2] Genauer: Schalen von Rotationsellipsoiden, wenn man die Abplattung der Erde in Betracht zieht.

unter Bruch verformt werden; es sei denn, daß sie im späteren
Verlauf der Erdgeschichte wieder in größere Tiefen gelangen, auf-
geschmolzen und noch einmal fließfähig werden. Die totge-
falteten Gesteine sind in der Erdgeschichte von großer Bedeutung:
sie bilden starre Widerlager, die, den Backen eines Schraubstockes
vergleichbar, den Rahmen jüngerer Gebirgsfaltung abgeben.

Die engen Beziehungen der Erdbeben zur Bruchtektonik
werden sehr deutlich, wenn man nach *A. Sieberg* die Erdbebentätigkeit der geologischen Großstrukturen zusammenstellt.
Es fallen

auf alte totgefaltete und verfestigte Massen
    und Tafeln . . . . 1,7 %,
auf paläozoische (alte) Rumpfgebirge . . . . 0,1 %,
auf Einbruchsbecken . . . . 7,8 %, der
auf Bruchschollenländer . . . . 23,6 % tektonischen
auf normale tertiäre (junge) Faltengebirge. . . 4,5 %, Erdbeben.
auf zerstückelte tertiäre Faltengebirge . . . . 27,7 %,
auf Landgebiete an Tiefseegräben . . . . . . 34,6 %.

Während die spannungserzeugenden Ursachen der großen Erdbeben unter den gewaltigen Erscheinungen der Gebirgsbildung
zu suchen sind, kann die Auslösung reifer Spannungen durch
kleine Kräfte geschehen. Spannungsänderungen in der Erdkruste, wie sie von tektonischen und vulkanischen Vorgängen
hervorgerufen werden, können noch aus weiter Entfernung
tektonische Beben auslösen. Auch meteorologische Vorgänge,
wie Luftmassenverschiebungen, Niederschläge und Hochfluten,
können bebenauslösend wirken, wenn sie gespannte und gekippte
Erdkrustenschollen einseitig belasten. Im Einzelfall ist es schwer,
die auslösende Ursache festzustellen. Die statistische Bearbeitung
eines großen Beobachtungsmaterials jedoch vermag zur Erkennt-
nis von oft recht verwickelten Gesetzmäßigkeiten zu führen.
Man untersucht die Häufigkeit der Erdbeben und derjenigen Erscheinungen, von denen man erdbebenauslösende Wirkungen
vermutet. Haben die Häufigkeiten gleichen zeitlichen Verlauf,
so kann man Zusammenhänge erwarten. Untersuchungen dieser
Art sind sehr mühsam und zeitraubend. Jede Erdkrustenscholle
folgt ihren eigenen Gesetzen, und ehe man an die Untersuchung
dieser Gesetze gehen kann, ist es nötig, die in den meisten Fällen
noch unbekannten Schollengrenzen festzulegen.

Als Beispiel zeigt Abb. 27 die jährliche Erdbebenhäufigkeit im Kwantobezirk (bei Tokio, Japan) und die Niederschlagsmenge an der Westküste von Nord-Hondo (japanische See). Zunehmender Niederschlag — hauptsächlich Schnee — bedeutet eine

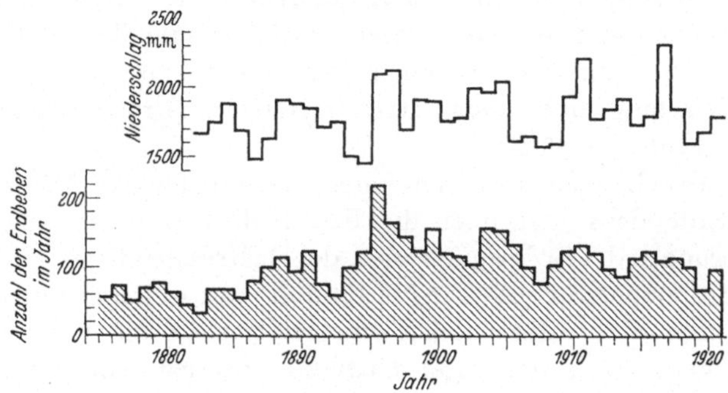

Abb. 27. Niederschlag an der Küste der Japanischen See und Erdbebenhäufigkeit im Kwantobezirk (Japan) 1875 bis 1921. Nach *A. Imamura*.

Zusatzbelastung im Norden. Die Übereinstimmung der Kurven, selbst in Einzelheiten, ist so auffällig, daß man kaum zweifeln kann, daß die Erdbebentätigkeit im Kwantobezirk auflebt, wenn die Niederschlagsmenge an der japanischen See wächst. Dabei sind die Belastungen im Vergleich zu den erdbebenerzeugenden Spannungen sehr unbedeutend. Der Druck von 1000 mm Wasser beträgt 100 g pro Quadratzentimeter, während die Bruchfestigkeit der Gesteine die Größenordnung von einigen Millionen Gramm pro Quadratzentimeter hat.

Auch Luftdruckunterschiede können erdbebenauslösend wirken. Abb. 28 gibt, nach Monaten geordnet, die Zahl der in Kyoto von 827 bis 1854 aufgetretenen zerstörenden Erdbeben und die Luftdruckzunahme in der Richtung NNW → SSO nach meteorologischen

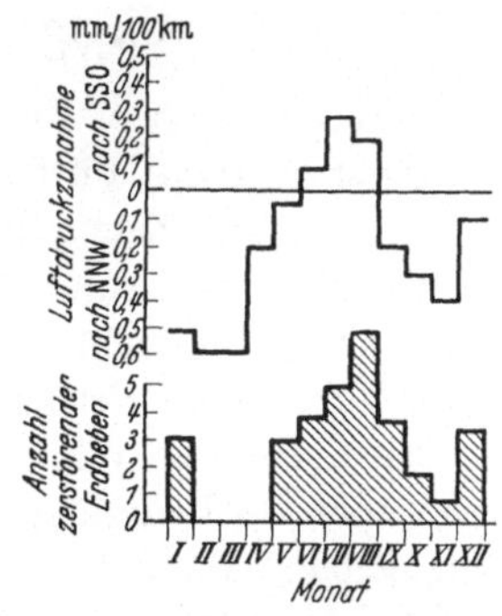

Abb. 28. NNW → SSO-Komponente der Luftdruckzunahme und zerstörende Erdbeben in Kyoto (Japan) nach Monaten geordnet. Nach *A. Imamura*.

Beobachtungen der letzten Zeit. Diese Zuordnung alter Erdbebenbeobachtungen und neuer Luftdruckmessungen ist zulässig, da man annehmen kann, daß sich die meteorologischen Verhältnisse in den letzten Jahrhunderten nicht wesentlich geändert haben. Die Ähnlichkeit der Kurven ist fast noch überzeugender als im vorigen Beispiel. Auch hier sind die Belastungen sehr klein: nimmt der Barometerstand um 0,5 mm zu, so wächst die Belastung eines Quadratzentimeters der Erdoberfläche um nicht mehr als 0,68 g.

Untersuchungen über Hebungen, Senkungen und Neigungen des Erdbodens und über die den Erdbeben vorausgehenden Änderungen des Erdmagnetismus, des elektrischen Erdstroms und der Erdtemperatur sollen in Verbindung mit weiteren Forschungen über die auslösenden Erdbebenursachen die Grundlagen künftiger *Erdbebenvorhersagen* schaffen. Noch hat man keine praktischen Erfolge erzielt. Die Forschung ist jung, und die Probleme sind sehr verwickelt. In manchen Erdbebenländern, besonders in Japan, hofft man jedoch, daß man nach fleißiger Kleinarbeit wenigstens eine Art *Erdbebenwarnung* organisieren kann. Sie wird für die Minderung der Erdbebenschäden von großer Bedeutung sein.

Geographie der Erdbeben

Starke Erdbeben, die von mehreren Erdbebenwarten aufgezeichnet werden, dürften wohl selten den Erdbebenforschern entgehen. Ihre Zahl kennt man recht genau. So hat man aus den Erdbebenregistrierungen ableiten können, daß von 1904 bis 1946 ungefähr 230 Beben vorkamen, deren Energie der des Messina-Bebens von 1908 gleichkam oder sie übertraf. 15 bis 20 Erdbeben hatten ebensoviel oder mehr Energie als das kalifornische Beben von 1906. Schwieriger ist die Zahl der schwachen Erdbeben anzugeben. Ihr Schüttergebiet ist klein, ihr Schaden ist meist gering; und wenn ihr Herd in einer unbewohnten oder unkultivierten Gegend liegt, so bleiben sie häufig unbeachtet. In zahllosen Fällen werden sie nicht einmal von den Erdbebeninstrumenten aufgezeichnet, weil keine Erdbebenwarte ihrem Herd nahe genug liegt. Daher muß man sich mit rohen Schätzungen begnügen.

Verhältnismäßig zuverlässig ist die Aufstellung der in Kyoto gefühlten Beben (Abb. 29). Kyoto war jahrhundertelang die Hauptstadt Japans, und es liegen seit dem Mittelalter recht zuverlässige Notizen über die Erdbeben vor. Es mag sein, daß die nur gerade fühlbaren Beben vom Stärkegrad II oft unbeachtet geblieben sind oder als unerheblich weggelassen wurden; immerhin ist anzunehmen, daß die auffälligeren Erdbeben — etwa von der Stärke III oder IV an — ziemlich vollständig erfaßt sind. Wie man sieht, ist selbst in einem ausgesprochenen Erdbebenland die Anzahl der gefühlten Beben nicht besonders groß. Nur selten

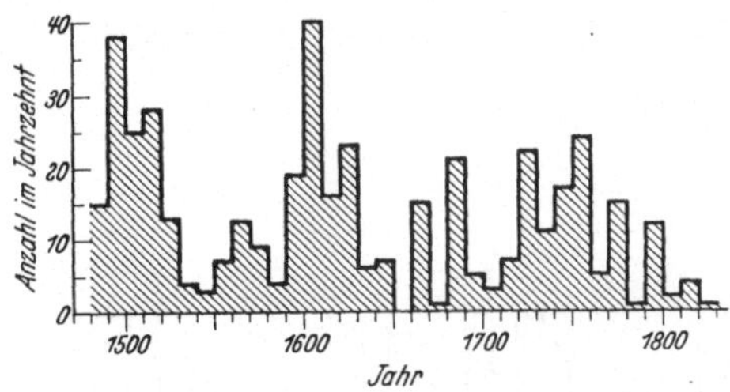

Abb. 29. Zehnjährige Häufigkeit der in Kyoto (Japan) gefühlten Erdbeben von 1480 bis 1830.

werden 40 Beben im Jahrzehnt gemeldet, und in solchen Fällen dürfte es sich meistens um stärkere Erdstöße und die Folge ihrer Nachbeben handeln, die immer aus dem Rahmen der normalen Erdbebentätigkeit herausfällt.

B. Gutenberg und seine Mitarbeiter haben die Anzahl der von 1904 bis 1946 aufgezeichneten Beben untersucht. Nach ihren Ergebnissen treten jährlich im Durchschnitt auf:

2 starke Großbeben mit Energien von mehr als $2^{1}/_{2}$ Billionen Kilowattstunden,

17 schwächere Großbeben mit Energien von mehr als 90 Milliarden Kilowattstunden, registriert auf der ganzen Erde,

130 Beben mit Energien von mehr als 1,4 Milliarden Kilowattstunden, registriert bis in Herdentfernungen von 10 000 Kilometern,

ungefähr 150 000 Beben mit Energien von mehr als 720 Kilowattstunden.

Die Gesamtzahl der tektonischen Beben wird auf ungefähr
eine Million im Jahr geschätzt.

In den einzelnen Jahren treten erhebliche Unterschiede auf:
so wurde 1906 fast das 5 fache, in manchen Jahren nur $^1/_{10}$ des
Jahresmittels an Energien ausgelöst (Abb. 30).

Von Zeit zu Zeit taucht das Gerücht auf, daß die Erdbebenhäufigkeit in der letzten Zeit zugenommen habe. Wie Abb. 29 an
der Erdbebenstatistik von Kyoto zeigt, wechseln allerdings erd-
bebenreichere und erdbebenärmere Jahrzehnte ab, aber eine

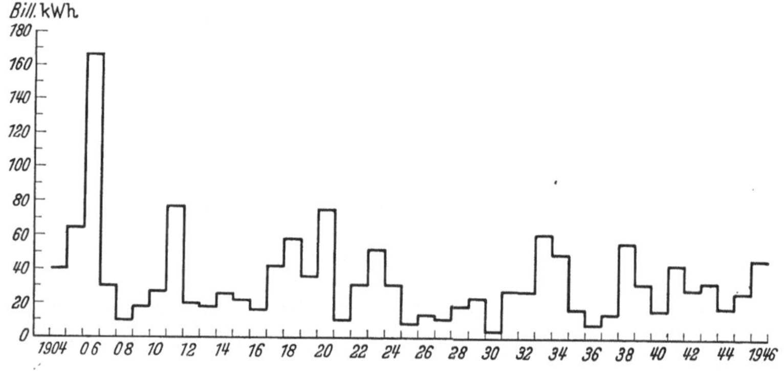

Abb. 30. Die in den Jahren 1904 bis 1946 auf der Erde ausgelöste
Erdbebenenergie. Nach *B. Gutenberg* und *C. F. Richter*.

andauernde „säkulare"[1] Zunahme ist nicht zu erkennen, jeden-
falls nicht in Kyoto in der Zeit von 1480 bis 1830. Andere Gebiete
der Erde dürften sich ähnlich verhalten, es brauchen aber ihre
erdbebenreichen Zeiten nicht mit denen von Kyoto übereinzu-
stimmen.

Eine Zunahme der Erdbebentätigkeit hat sich auch in den
letzten Jahrzehnten nicht nachweisen lassen (Abb. 30). Zugenommen hat aber die Vollständigkeit und die Schnelligkeit der
Berichterstattung. In alter Zeit geschah es oft, daß man selbst
starke Beben, wenn sie in abgelegenen Gegenden vorkamen, vollkommen übersah oder erst nach Monaten durch reisende Händler
oder Karawanen von ihnen erfuhr. Heute wird die Nachricht
von viel schwächeren Beben schon nach wenigen Stunden auf

---

[1] saeculum (lat.) = das Jahrhundert.

60

dem Radiowege verbreitet, und es kann dadurch der unzutreffende Eindruck von einer Zunahme der Erdbebentätigkeit entstehen.

Schon beim ersten Blick auf die Verteilung der Groß- und Weltbebenherde fällt auf, daß die wichtigsten Erdbebenzonen die jungen Kettengebirge begleiten (Abb. 31). Die Beziehungen zwischen Gebirgsbildung, Gebirgsbau und Erdbeben sind sehr vielfältig und noch nicht in allen Einzelheiten geklärt. Hierzu braucht man eine verläßliche, die ganze Erde umfassende Erdbebenstatistik und gute Karten der Erdbebenverteilung. Bei der

Abb. 31. Die Groß- und Weltbebenherde der Erde.

Sammlung und Bearbeitung des Beobachtungsmaterials stößt man auf Schwierigkeiten, deren Überwindung sich in den letzten Jahren angebahnt hat.

Zeichnet man Erdbebenkarten nach Berichten von Erdbebenschäden, so sind sie vom Kulturzustand, der Bauweise und der Bevölkerungsdichte beeinflußt. Gründet man seine Untersuchungen auf Erdbebenaufzeichnungen, so enthalten sie zunächst einen starken Einfluß der Verteilung der Erdbebenwarten. Zu zuverlässigen Ergebnissen kann man nur kommen, wenn man Erdbebenaufzeichnungen zugrunde legt und die Energie der Erdbeben berücksichtigt. Erdbeben mit Energien von weniger als $1^1/_2$ Milliarden Kilowattstunden sind so schwach, daß sie bei ungünstiger Herdlage von keiner Erdbebenwarte aufgezeichnet und nicht mitgezählt werden. Daher sind über die Häufigkeit solcher Beben nur Schätzungen möglich.

Weite Gebiete der Erde sind *erdbebenarm*. Ob man von vollkommen erdbebenfreien Gebieten reden darf, ist fraglich; denn

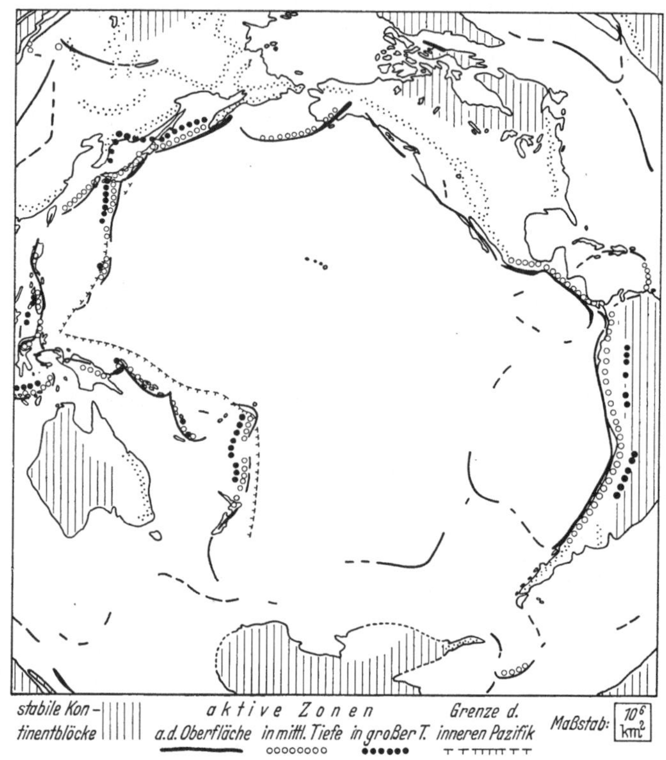

Abb. 32. Die zirkumpazifische Zone. Nach *B. Gutenberg* und *C. F. Richter*.

schon mehrmals kam es vor, daß aus einer für erdbebenfrei angesehenen Gegend ein Erdbeben gemeldet wurde, meist allerdings ein schwaches.

Nach *Gutenbergs* Untersuchungen hat man oberflächennahe Beben, Beben mit mittleren Herdtiefen und Beben mit großen Herdtiefen zu unterscheiden. Die oberflächennahen Herde liegen nicht mehr als 70 Kilometer tief, die mittleren Herdtiefen betragen 70 bis

300 Kilometer, sehr tiefe Herde liegen tiefer als 300 Kilometer. Die größte bis jetzt ermittelte Herdtiefe beträgt 720 Kilometer.

Die ausgedehnten erdbebenarmen Gebiete nennt man *inaktive* oder *starre Blöcke*. In den Kontinenten sind sie dem Geologen als alte, verfestigte Schilde bekannt. Sie werden von erdbebenreichen, lang gestreckten Zonen getrennt, die man als *aktive Zonen* bezeichnet. Man kann die aktiven Zonen in vier Gruppen einteilen:

Die zirkumpazifische Zone. Sie umrandet den inneren Teil des Stillen Ozeans und enthält ungefähr 40% der oberflächennahen, 90% der mitteltiefen Beben und alle tiefen Beben (Abbildung 32).

Die mittelmeerisch-transasiatische Zone. Sie verläuft im wesentlichen west-östlich von den Azoren durch das Mittelmeer, die zentralasiatischen Hochgebirgsketten entlang und trifft bei Sumatra auf einen Ausläufer der zirkumpazifischen Zone. Sie enthält fast alle nicht in der zirkumpazifischen Zone gelegenen mitteltiefen Beben und oberflächennahen Großbeben.

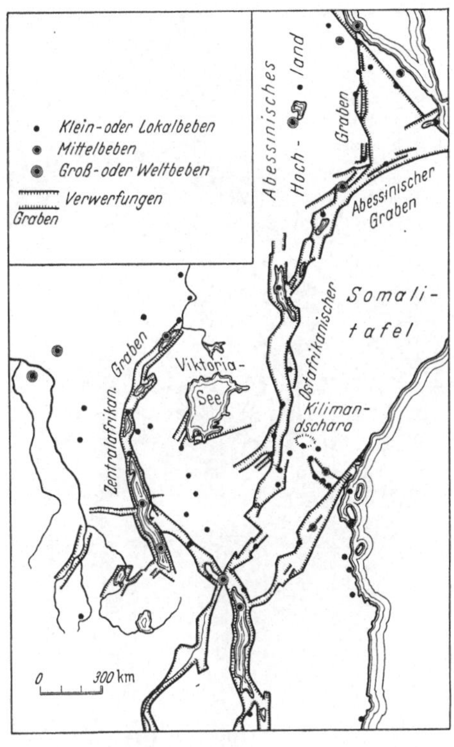

Abb. 33. Erdbebenherde in Ostafrika. Nach *A. Sieberg*.

Schmale Zonen von oberflächennahen Beben auf den bedeutenderen untermeerischen Schwellen im Atlantischen, Indischen und Arktischen Ozean.

Grabenzonen wie in Ostafrika (Abb. 33) und bei den Hawaii-Inseln mit mäßiger Erdbebentätigkeit.

Ein Teil dieser Zonen ist aus bogenförmigen Stücken zusammengesetzt, besonders ausgeprägt in der zirkumpazifischen Zone. Im allgemeinen wenden diese Bogen ihre konkave Seite dem

Kontinent und ihre konvexe Seite dem Ozean zu; es gibt aber Ausnahmen.

Überschreitet man die pazifischen Erdbebenbögen von der konvexen zur konkaven Seite, so findet man der Reihe nach mehr oder weniger ausgeprägt die folgenden Erscheinungen (Abb. 34, 35 und 36):

eine ozeanische Tiefseerinne oder eine Vortiefe;

einen Streifen mit oberflächennahen Erdbeben, verbunden mit auffallend geringer Schwerkraft auf der konkaven Seite der Tiefseerinne, manchmal auch einen unterseeischen jungen Rücken oder nichtvulkanische Inseln;

einen Streifen mit auffallend großer Schwerkraft, Erdbeben mit Herdtiefen von ungefähr 60 Kilometern, häufig Großbeben;

den Hauptgebirgsbogen, meist in der jüngeren Kreidezeit oder der Tertiärzeit entstanden, mit tätigen oder noch nicht lange erloschenen Vulkanen, Erdbebenherde mit Tiefen von ungefähr 100 Kilometern;

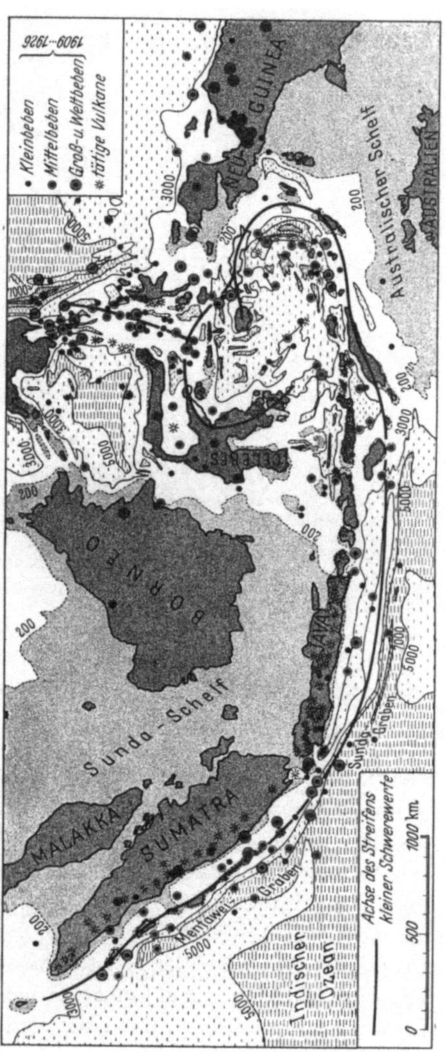

Abb. 34. Der Erdbebenbogen im Bereich der Sunda-Inseln. Nach *S. W. Visser, Ch. E. Stehn, P. M. van Riel, F. A. Vening Meineß.*

einen zweiten Gebirgsbogen, oft mit älteren und lange erloschenen
Vulkanen, Erdbeben mit Herdtiefen von 200 bis 300 Kilometern;
einen Streifen mit sehr tiefen Erdbeben.

Die eine oder andere dieser Erscheinungen kann schwach entwickelt sein oder fehlen.

Während die Groß- und Weltbeben fast ausnahmslos ihren
Ursprung in den genannten Erdbebenzonen haben und ihre Ur-

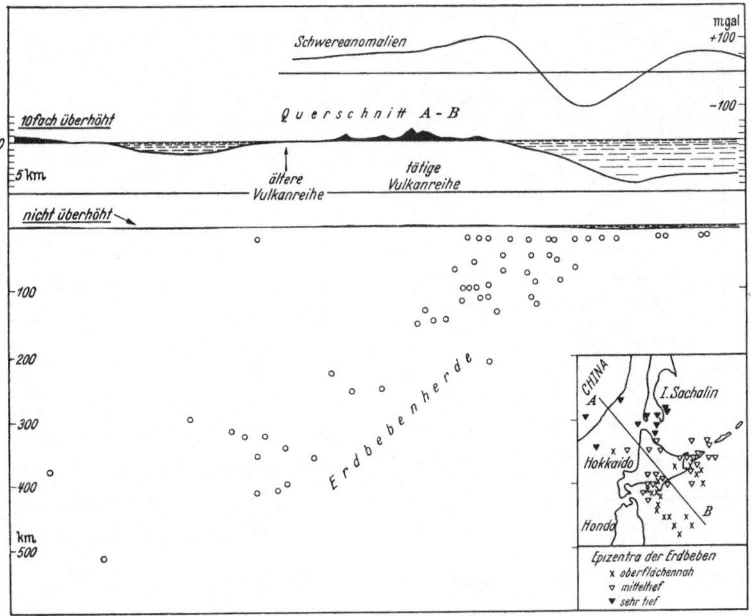

Abb. 35. Senkrechter Schnitt durch den Erdbebenbogen in Nord-
Japan. Nach *B. Gutenberg* und *C. F. Richter*.

sachen offenbar mit den noch ungeklärten Vorgängen in großen
Tiefen zusammenhängen, können Mittel- und Kleinbeben überall
vorkommen, wo die Erdkruste zerstückelt ist und die Schollen
gegeneinander bewegt werden. Die Erdbebentätigkeit in solchen
Bruchschollenländern, zu denen auch die nördlich der Alpen gelegenen Teile von Mitteleuropa gehören, ist an Verwerfungen
gebunden (Abb. 37 und 38) und so vielfältig wie der geologische Aufbau. Es ist kaum möglich, sie mit wenigen Worten zu beschreiben.

In Mitteleuropa ist kein Groß- oder Weltbebenherd bekannt. Mittelbeben kommen bisweilen vor, und sie können schon nennenswerten Schaden hervorbringen. Lokal- und Kleinbeben jedoch, meist unschädliche Erschütterungen, sind häufiger und verbreiteter als im allgemeinen angenommen wird (Abb. 38). Auch sind einige Bebenschwärme aufgetreten.

Als Gebiete häufigerer und stärkerer Erdbeben heben sich heraus die Verwerfungen des Aachener Bezirkes, die Verwerfungen des Rheintalgrabens, seiner Randgebirge und seiner Fortsetzungen, der südwestliche Teil des Schwäbischen Jura, vor allem das Gebiet von Balingen-Ebingen und die Hohenzollernalb, das Bodenseegebiet und die angrenzenden Gebiete der Schweiz. In Oberschlesien, besonders im Industriegebiet, kommen leichtere Erschütterungen häufig vor. Im Vogtland, im Mainzer Becken

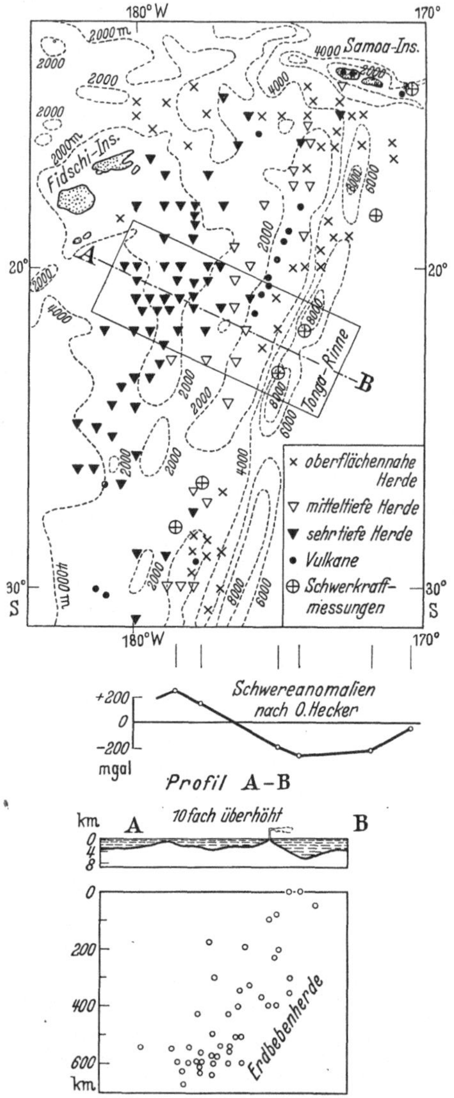

Abb. 36. Schwerkraftstörungen, Erdbebenherde (1904 bis 1946) und Vulkane im Bereich der Tonga-Rinne. Nach *O. Hecker, B. Gutenberg* und *C. F. Richter.*

bei Groß-Gerau und an der Donau bei Ingolstadt traten Bebenschwärme auf.

Man könnte vielleicht erwarten, daß die Alpen als Bestandteil
des großen Kettengebirgsgürtels durch besonders große Erd-

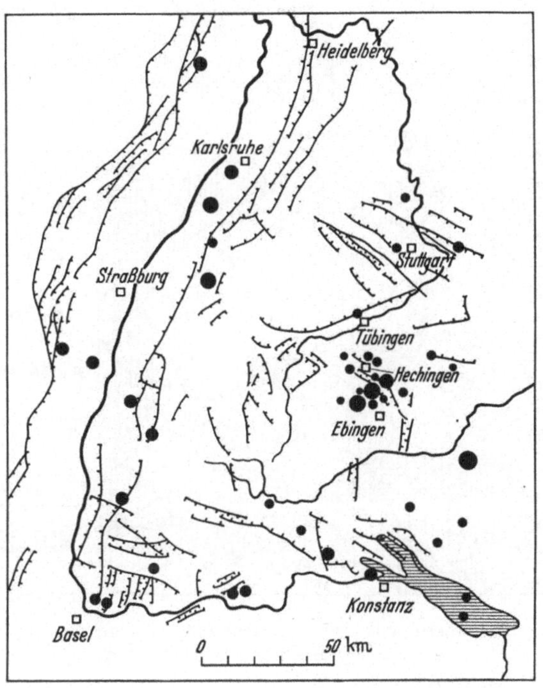

Abb. 37. Erdbebenherde und Verwerfungen in Südwestdeutschland.
Nach *W. Hiller.*

bebentätigkeit auffallen. In dieser einfachen Weise ist es nicht
der Fall. Als ganzes heben sich die Alpen kaum heraus. Ihre
Erdbebentätigkeit ist auf einige Systeme von Bruchlinien beschränkt. Abb. 38 zeigt aneinandergereihte Erdbebenherde längs
des Inntales und besonders deutlich auf einer Linie, die sich von
Wien aus in südwestlicher Richtung nach dem oberen Tal der
Mur hinzieht. Gut ausgeprägt ist auch eine Linie von Erdbebenherden zwischen Innsbruck und dem Gardasee.

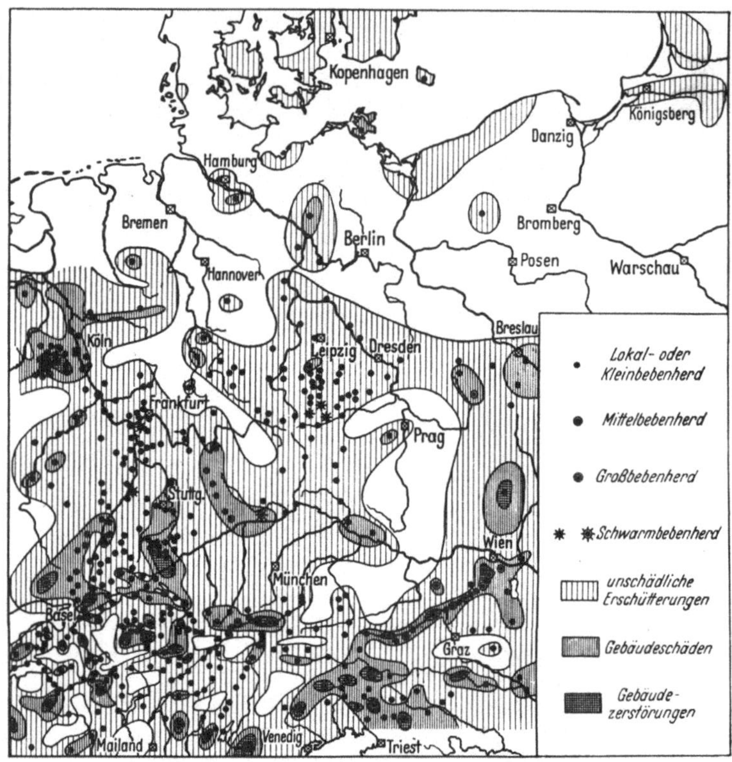

Abb. 38. Erdbebenherde in Mitteleuropa. Zusammengestellt nach *A. Sieberg* und neueren Berichten.

Die Aufzeichnung der Erdbeben

Um die starken Erdbeben zu erfassen und ihre Ausbreitung zu verfolgen, braucht man eine ausreichende Zahl von Erdbebenwarten, die mit Fernbebeninstrumenten ausgerüstet sind. Es ist am besten, wenn man sie gleichmäßig über die Erde verteilt. Ferner braucht man dichte Netze von Erdbebenstationen, die etwa 8 000 bis 12 000 und 15 000 bis 18 000 km von den wichtigsten Erdbebengebieten entfernt liegen und zur Aufklärung der besonders verwickelten Erdbebenausbreitung in diesen Herdentfernungen dienen. Zur Aufnahme schwacher Beben sind zahlreiche mit Nahbebeninstrumenten versehene Stationen in den Erdbebenländern nötig.

Auf der Erde gibt es zur Zeit rund 450 Erdbebenstationen. Könnte man sie nach Belieben verteilen, so würde man vielleicht 250 auf das gleichmäßige Stationsnetz verwenden, in dem dann der Abstand benachbarter Stationen etwa 2000 km beträgt. Die übrigen Stationen würde man teils in den Erdbebengebieten selbst, teils in den besonders wichtigen Herdentfernungen aufbauen.

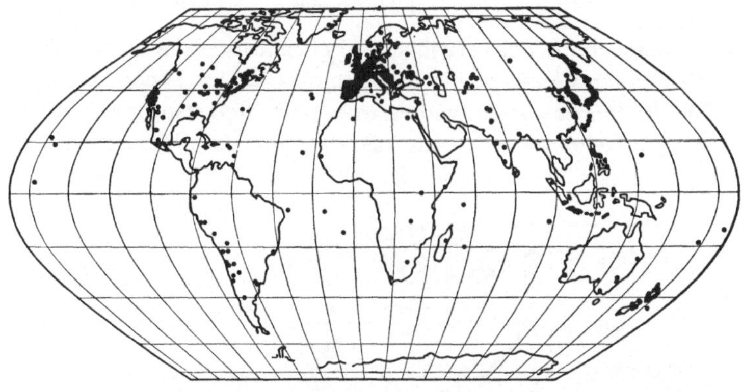

Abb. 39. Erdbebenwarten. Deutschland etwa 20; England mit Schottland und Irland über 20; Italien etwa 40; Holland, Belgien, Schweiz zusammen etwa 10; Frankreich etwa 10; Spanien und Portugal etwa 15; Jugoslawien etwa 15; Japan über 100.

Infolge der geographischen Verhältnisse, des Kulturzustandes und der historischen Entwicklung weicht die wirkliche Verteilung der Erdbebenwarten (Abb. 39, 40) erheblich von diesem Idealzustand ab. Auf der ganzen Südhalbkugel gibt es noch nicht 60 Erdbebenwarten; und in dem weiten Becken des Stillen Ozeans, das 30% der Erdoberfläche umfaßt, liegen noch keine 10. In hohen nördlichen Breiten sind sie spärlich, in hohen südlichen Breiten fehlen sie ganz. Dichte Stationsnetze liegen in Europa, in Japan, in den nordöstlichen Teilen der Vereinigten Staaten und den angrenzenden Gebieten von Kanada, in den Erdbebengebieten von Kalifornien, von Südamerika, Turkestan und in Neuseeland. Wie die folgende Zusammenstellung zeigt, liegen die Stationen von Europa, Nordamerika und Japan recht günstig für

Entfernung	Von Europa	Von den nordöstl. Vereinigten Staaten	Von Japan
8—12 000 km	Kalifornien Mittelamerika Sunda-Inseln Philippinen Japan	Zentralasien Japan Südamerikanische Erdbebengebiete	Neuseeland Afrikanische Gräben Vorderasien Südeuropa Kalifornien Mexiko
15—18 000 km	Neuseeland	Sunda-Inseln Neuseeland	Südamerikanische Erdbebengebiete

die Untersuchung der verwickelten Bebenausbreitung in den Herdentfernungen von 8 000 bis 12 000 und 15 000 bis 18 000 km.

Die Erdbebenwarten werden mit *Seismographen* ausgerüstet, aus deren Aufzeichnungen man den Verlauf der Bodenbewegung in allen Einzelheiten ablesen kann. Solche Apparate gibt es noch

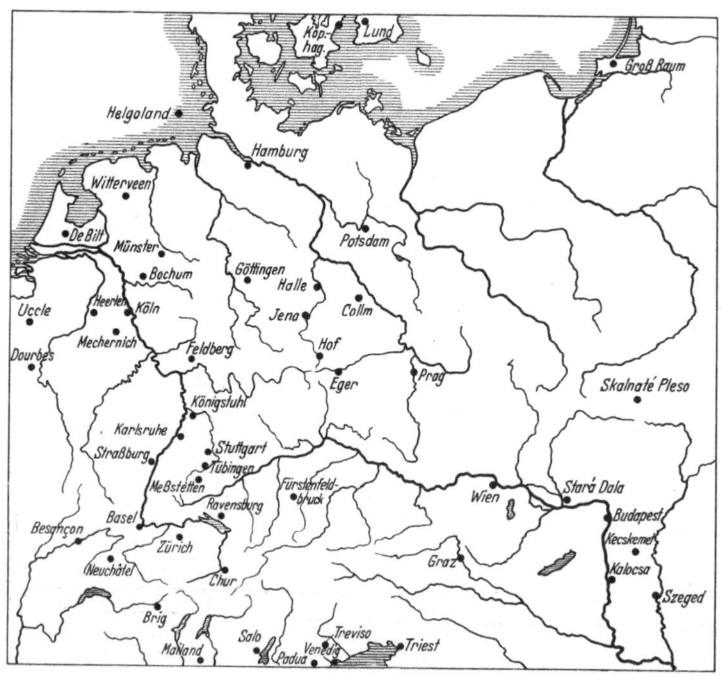

Abb. 40. Erdbebenwarten in Mitteleuropa. Zum Teil im Aufbau.

nicht sehr lange. Erst kurz vor Beginn dieses Jahrhunderts ist
man vom rein erfahrungsmäßigen Instrumentenbau dazu übergegangen, die Notwendigkeiten und Möglichkeiten vor Ausführung der Konstruktion theoretisch zu erforschen und zu be-
gründen. Hiermit setzt die neue Epoche der Erdbebenforschung
ein. Mit seiner „Theorie der automatischen Seismographen"[1] hat
E. Wiechert die Grundlage der heutigen Erdbebenmessung
geschaffen.

Erdbebenanzeigende Apparate, die selbst in der besten Ausführung nur die Zeit, die Richtung und die Stärke des ersten
Erdbebenstoßes mit meist nicht sehr großer Genauigkeit zur
Kenntnis brachten, kennt man schon aus alter Zeit. Man nennt
sie *Seismoskope*[2]. Das älteste Seismoskop soll der Chinese *Chang
Heng* um das Jahr 130 unserer Zeitrechnung gebaut und in der
Hauptstadt Sian aufgestellt haben. Von seiner inneren Konstruktion ist nichts überliefert. Äußerlich soll es einer Glocke ähnlich
gesehen haben. Der obere Rand trug gleichmäßig verteilt acht
Drachenköpfe, die etwa so aussahen wie die Wasserspeier mittel-
alterlicher Gebäude. Jeder Drachenkopf hielt eine Kugel im
Maul, und unter jedem Drachen war ein Frosch angebracht, dessen
offenes Maul die Kugel auffangen konnte, wenn sie herabfiel.
Kam ein stärkeres Beben, so hat derjenige Drachen seine Kugel
ausgespien, der dem Stoß entgegensah. Einmal jedoch, so wird
erzählt, fiel eine Kugel aus dem Drachenmaul, ohne daß ein Beben
zu bemerken war. Schon fing man an, die Zuverlässigkeit des
Apparates anzuzweifeln. Nach 10 Tagen aber kam die Kunde,
daß ein schweres Erdbeben die im Westen gelegene Stadt Lung Si
erschüttert hat, und es stimmten Zeit und Richtung mit der An-
zeige des Seismoskops überein. So hat man erkannt, daß es den
menschlichen Sinnen überlegen war.

Mit größerer Genauigkeit gab das am Anfang des 18. Jahrhunderts erfundene Quecksilberseismoskop die Richtung und
Stärke der Erdbebenstöße an. Von einer bis zum Rand mit
Quecksilber angefüllten Schale gehen sternförmig angeordnete,
mit geringer Neigung abwärts führende Rinnen nach allen Seiten
aus und endigen in kleinen Gefäßen. Beim Erdbeben fließt

---

[1] Siehe Literaturverzeichnis.
[2] skopo (griech.) = (ich) sehe.

Quecksilber durch die in der Stoßrichtung gelegene Rinne ab, und es kann die Bebenstärke aus der abgeflossenen Menge abgeschätzt werden.

Bei den Seismoskopen mit selbsttätiger Zeitangabe wird ein labil aufgestelltes Gewicht umgekippt. Seine Fallrichtung gibt die Stoßrichtung an. Beim Aufschlag betätigt es einen mechanischen Hebel oder einen elektrischen Kontakt, und es wird hierdurch ein Uhrwerk angehalten oder die Hemmung eines Uhrpendels gelöst. Mit solchen Instrumenten hat *K. Mack* im Jahr

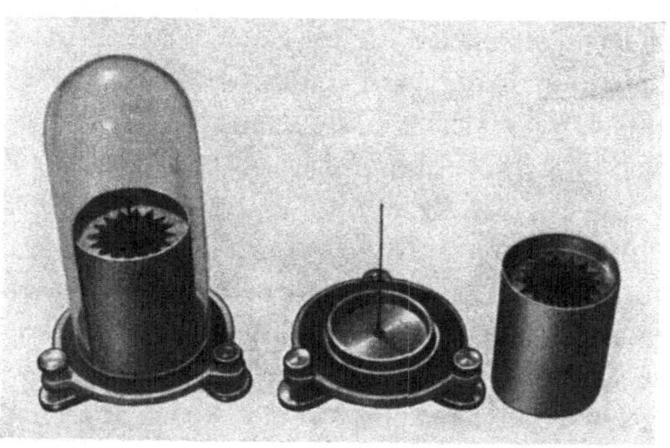

Abb. 41. Stoßrichtungsanzeiger von *W. Hiller*. Links: gebrauchsfertig aufgestellt. Mitte und rechts: die wichtigeren Teile auseinandergenommen. Der dünne Stab fällt beim Beben um, seine Fallrichtung zeigt bei hinreichender Bebenstärke die Richtung des ersten Stoßes an.

1893 die erste deutsche Erdbebenwarte (Hohenheim) eingerichtet. Ein Jahrzehnt später war die rasche Entwicklung der registrierenden Seismographen im Gang. Sie hat in kurzer Zeit zur Verdrängung der Seismoskope geführt.

In den letzten Jahren ist man wieder auf Seismoskope zurückgekommen. Als *Stoßrichtungsanzeiger* (Abb. 41) werden sie in Erdbebengebieten verteilt; ihre Angaben sind eine wichtige Ergänzung der Nahbebenregistrierungen.

Das Grundprinzip der *Seismographen* ist sehr einfach. Eine mehr oder weniger schwere Masse — in den meisten Fällen ein zylinderförmiger oder kugelförmiger Block Eisen — wird so angebracht, daß sie die Erdbebenbewegung möglichst wenig mitmacht. An der Masse setzt ein möglichst leicht gebautes Hebelsystem an, das in eine Schreibspitze ausläuft. Die Schreibspitze

zeichnet auf einer mit dem Erdboden fest verbundenen Unterlage
ein Bild der Bodenbewegung auf (Abb. 42, linkes Bild). Bei
Fernbebeninstrumenten wird das Hebelsystem so eingerichtet,
daß es eine 100- bis 200fache Vergrößerung bewirkt. Schwache
Nahbeben läßt man mit etwa der 10fachen Vergrößerung aufzeichnen; für starke Ortsbeben werden auch schwächer vergrößernde,
in einzelnen Fällen sogar verkleinernde Hebelsysteme verwendet.
E. Wiechert hat für besondere Untersuchungen einen 2 000 000fach
vergrößernden Seismographen gebaut.

Man kann die Wirkungsweise eines Seismographen recht eindrucksvoll an sich selbst erfahren, wenn man versucht, in einem

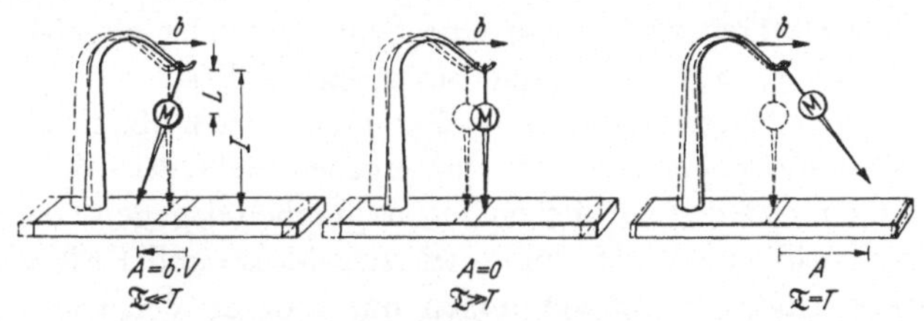

Abb. 42. Wirkungsweise eines Seismographen. $\mathfrak{T}$ Periode der Bodenbewegung; T Eigenperiode des Seismographen; b Bodenbewegung;
A registrierter Ausschlag; V Hebelvergrößerung, $V = \mathrm{I/L}$; M Masse.

stark schüttelnden Fahrzeug einen Brief zu schreiben. Kopf und
Körper des Schreibenden machen die Stöße des Wagens nur
unvollkommen mit und stellen die Masse eines Seismographen
dar. Der rechte Arm entspricht dem Hebelsystem, das Brief-
papier dem Registrierbogen, und das Ergebnis wird in den meisten Fällen einer Erdbebenaufzeichnung nicht unähnlich sein.

Die Masse eines idealen Seismographen müßte stets vollkommen in Ruhe bleiben und dürfte von den Bewegungen ihrer
Umgebung nicht beeinflußt werden. Ein solcher Apparat wäre
nur möglich, wenn man die Masse ohne jede Unterstützung frei
im Raum anbringen und bei dem Hebelsystem auf alle Verbindungen mit dem Erdboden verzichten könnte. Mit Verwendung
von magnetischen oder elektrostatischen Kräften kann man die
Beziehungen des Hebelsystems zu der Erde so lose gestalten, daß
es mit großer Annäherung dem idealen Hebelsystem entspricht. Die
Masse aber muß in irgendeiner Weise aufgehängt oder aufgestellt

werden, und es ist nicht möglich, Aufhängevorrichtungen oder Stützen ohne Zusammenhang mit dem Erdboden herzustellen. Selbst wenn es gelänge, die Masse durch massenfreie Verbindungen, etwa magnetische Kräfte, in der Schwebe zu halten so würden diese Kräfte, weil sie stark sein müssen, eine störende Beziehung zum Erdboden herstellen. Man muß sich also damit begnügen, die Verbindung der Masse mit dem Erdboden so lose wie möglich und so übersichtlich zu gestalten, daß man ihre Wirkung mit der nötigen Genauigkeit theoretisch erfassen und in Rechnung setzen kann. Als einfachste Vorrichtung zur Aufnahme waagerechter Bodenbewegungen hat sich das Fadenpendel bewährt; die einfachste Vorrichtung zur Aufnahme vertikaler Bodenbewegungen ist eine an eine Schraubenfeder angehängte Masse (Abb. 44, S. 77, oben und unten ganz links).

Ein idealer Seismograph mit vollkommen freier Masse würde alle Bodenbewegungen mit der ihm eigenen Hebelvergrößerung aufzeichnen. Bei den wirklichen Seismographen dagegen bewirkt die unvermeidliche Verbindung zwischen Masse und Erdboden, daß kurzperiodische Schwingungen mit anderer Vergrößerung aufgezeichnet werden als Schwingungen mit mittleren und langen Perioden. Hierbei ist die Eigenperiode des Seismographen von Bedeutung.

Die Masse des Seismographen bildet mit der Aufhängevorrichtung ein schwingungsfähiges System, das man durch Anstoß in Schwingung versetzen kann. Eine solche Schwingung wird *Eigenschwingung* genannt, ihre Periode wird als *Eigenperiode* bezeichnet. Sind die Perioden der aufzuzeichnenden Bodenbewegung wesentlich kleiner als die Eigenperiode des Seismographen (Abb. 42 links), so hat die Masse keine Zeit, den wechselnden Stellungen des Aufhängepunktes zu folgen, und bleibt in Ruhe. Die Bodenbewegung wird mit der Hebelvergrößerung aufgezeichnet. Bei Bodenbewegungen von sehr langer Periode jedoch kann die Masse dem Aufhängepunkt folgen (Abb. 42, Mitte), und zwar um so vollständiger, je langsamer die Bodenschwingung vor sich geht. Dann wird die Bodenbewegung gar nicht aufgezeichnet. Dazwischen liegt der Fall der *Resonanz*, in dem die Periode der Bodenbewegung mit der Eigenperiode des Seismographen übereinstimmt (Abb. 42 rechts). Dann schaukelt sich die Masse auf. Die Vergrößerung wird im allgemeinen besonders groß und ihre Abhängigkeit von der Periode besonders verwickelt.

Die geschilderten Beziehungen zwischen der Vergrößerung und den Perioden bewirkt eine Verzerrung der Erdbebenaufzeichnung, da Erdbeben aus Schwingungen von sehr verschiedener Periode zusammengesetzt sind. Andere Störungen können dadurch auftreten, daß die Seismographenmasse nicht nur die ihr von der Bodenbewegung aufgezwungenen Schwingungen ausführt, sondern von Erdbebenstößen auch zu Eigenschwingungen angeregt wird. Um nun zu erreichen, daß stoßartige Bodenbewegungen auch stoßähnlich und nicht als eine Folge von Eigenschwingungen wiedergegeben werden, muß man die Eigenschwingungen mit einer geeigneten Vorrichtung dämpfen.

Man kennt verschiedene Arten der *Dämpfung*. Bei der *Luftdämpfung* schwingt ein an der Masse oder am Hebelsystem angebrachter Kolben mit nur wenig Spielraum in einem abgeschlossenen, mit der Erde fest verbundenen Zylinder (schematisch angedeutet in Abb. 46, S. 81). Die Spannkraft der vor dem Kolben zusammengedrückten und der Sog der hinter dem Kolben verdünnten Luft wirken der Kolbenbewegung entgegen und dämpfen die Schwingungen ab. Bei der *Flüssigkeitsdämpfung* schwingt eine mit der Masse oder dem Hebelsystem verbundene Platte in einem mit dem Erdboden verbundenen, mit Flüssigkeit gefüllten Gefäß, und die Zähigkeit der Flüssigkeit bringt die Dämpfung hervor (Abb. 52, S. 85). Am saubersten arbeitet die *magnetische Dämpfung*, bei der sich eine Kupferplatte zwischen den Polen zweier Hufeisenmagnete bewegt (Abb. 50, S. 83).

Bei gedämpften Seismographen sind die Resonanzerscheinungen weniger ausgeprägt als bei ungedämpften Instrumenten. Durch Anwendung starker Dämpfungen kann man sogar das Resonanzmaximum ganz unterdrücken. Wie Abb. 43 erkennen

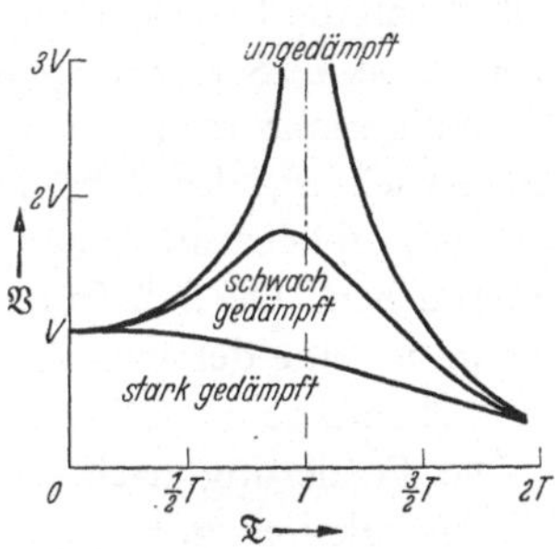

Abb. 43.
Vergrößerung mechanischer Seismographen. $\mathfrak{B}$ wahre Vergrößerung; V Hebelvergrößerung; $\mathfrak{T}$ Periode der Bodenbewegung; T Eigenperiode des Seismographen.

läßt, erreicht man schon mit mittleren Dämpfungen leidlich verzerrungsfreie Aufzeichnungen aller Bodenbewegungen, deren Periode kleiner als etwa die doppelte Eigenperiode des Seismographen ist.

Man wird also versuchen, die Seismographen so zu bauen, daß die Dämpfung genügend stark ist und die Eigenperiode etwa in der Mitte des Periodenbereiches liegt, von dem eine einigermaßen verzerrungsfreie Wiedergabe verlangt wird. Hieraus folgt, daß die Fernbebeninstrumente möglichst eine Eigenperiode von 10 bis 12 Sekunden haben sollen, bei der Aufnahme von Nahbeben kommt man mit kürzeren Eigenperioden aus. Für die Untersuchung der sehr langen Fernbebenwellen könnte man Seismographen mit Eigenperioden von etwa einer Minute gut gebrauchen. Die Schaffung solch langperiodischer Stationsinstrumente ist eine der wichtigsten Zukunftsaufgaben der messenden Erdbebenforschung.

Die Forderung nach langen Eigenperioden bringt räumliche Schwierigkeiten mit sich. Ein Pendelseismograph von der einfachen, in Abb. 42 dargestellten Art müßte eine Pendellänge L von 25 m und eine Indikatorlänge[1] I von 5 km haben, wenn er bei einer Eigenperiode von 10 Sekunden eine 200fache Hebelvergrößerung haben soll. Es ist nicht möglich, ein solches Instrument zu bauen. Ersetzt man die Zeigerstange durch eine geeignete Hebelkonstruktion, so kann man das vergrößernde System ohne Schwierigkeit auf kleinen Raum bringen. Die große Pendellänge jedoch ist bei einem einfachen Pendelseismographen nicht zu umgehen. Ähnliches gilt von den einfachen Schraubenfederseismographen.

Man muß also nach anderen Konstruktionsprinzipien suchen und hat verschiedene Möglichkeiten für die Aufhängung der Pendelmasse gefunden, die ausreichend lange Eigenperioden geben und nur einen Raum von der Größe eines Schrankes bis herab zu der eines kleinen Koffers beanspruchen (Abb. 44). Von den *Horizontalseismographen* ist das *Horizontalpendel* dem gewöhnlichen Pendel („Vertikalpendel") am ähnlichsten. Es entsteht durch Aufrichten der Drehungsachse, bis sie nahezu mit der Lotlinie zusammenfällt, und arbeitet nach dem Prinzip der schief

---

[1] Indikator (lat.) = Zeiger.

aufgehängten Tür. Sein Gehänge stellt sich in die Ebene ein, die von der Drehungsachse und der Lotrichtung bestimmt ist. Während aber das Vertikalpendel beliebig gerichtete horizontale Bodenbewegungen anzeigen kann, nimmt das Horizontalpendel nur den Teil der Bodenbewegung auf, der senkrecht zur Gehängeebene gerichtet ist. Bodenbewegungen, die in die Gehängeebene fallen, werden nicht angezeigt. Zur vollständigen Aufzeichnung der waagerechten Bodenbewegung sind also zwei

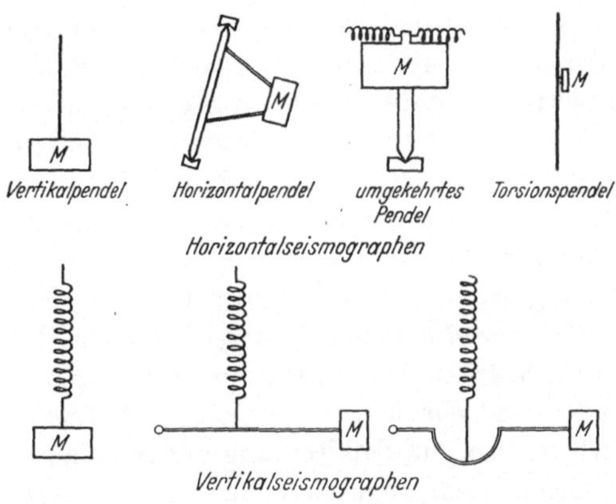

Abb. 44. Die wichtigsten Seismographentypen.

Horizontalpendel erforderlich, denen man verschiedene Richtungen zu geben hat. Im allgemeinen ist es üblich, zwei aufeinander senkrechte Richtungen zu wählen, meist Nord—Süd und Ost—West.

In Gestalt des *Wiechert*schen Horizontalseismographen hat das *umgekehrte Pendel* weite Verbreitung gefunden. Man kann es mit einem auf die Spitze gestellten, mit schwerem Kopf versehenen Nagel vergleichen. Im Hebelsystem sind kleine Federn angebracht, die es im Gleichgewicht halten und die Masse in ihre Ruhelage zurückbringen (die Blattfedergelenke und die um die Winkelhebelachse gewickelten Schraubenfedern in Abb. 46, S. 81). Ein neueres, sehr handliches Instrument ist das *Torsionspendel*[1], ein senkrechter, straff gespannter Faden, der seitlich eine kleine Masse

---

[1] Torsion: Verdrillung, von (lat.) torquere = verdrehen.

trägt. Das umgekehrte Pendel kann jede waagerechte Bewegung anzeigen, das Torsionspendel nur den senkrecht zur Massenbefestigung gerichteten Teil.

Für die *Vertikalseismographen* ist die Aufhängung an einer Schraubenfeder kennzeichnend. Die einfache Form liefert nur kurze Eigenperioden und ist nur für die Aufzeichnung von Nahbeben geeignet. Längere Eigenperioden erreicht man schon durch Anbringung der Masse an einem einarmigen Hebel. Den besten Erfolg hat man dadurch erzielt, daß man den Hebel nach unten ausgebogen und damit den Angriffspunkt der Schraubenfeder in ein unter der Masse gelegenes Niveau verschoben hat. Die Schraubenfedern sind sehr empfindlich gegen Temperaturschwankungen und verlangen eine sehr geschützte Aufstellung oder eine selbsttätige Kompensation des Temperatureinflusses.

Eine gute Erdbebenaufzeichnung ist nur möglich, wenn alle Teile des Seismographen mit nur sehr geringer Reibung arbeiten. Diese Forderung hat zur Ausbildung besonderer Gelenkkonstruktionen, den *Blattfedergelenken* und *Spitzengelenken*, geführt (Abb. 45; Abb. 46 und 52, S. 85). Spezialausführungen sind *Kreuzfedergelenke* (Abb. 50, S. 83) und *kardanische Blattfedergelenke* (Abb. 45, 46, 47, S. 84). Sie arbeiten so gut, daß Reibung nur noch an den Schreibspitzen der mechanisch registrierenden Seismographen auftritt.

Es gibt verschiedene Arten der *Registrierung* (Abb. 45). Am einfachsten und billigsten ist die rein *mechanische*. Eine feine Schreibspitze ist so gut ausgewogen, daß sie mit dem Gewicht von nur einigen Milligramm auf dem Registrierbogen lastet. Der Bogen ist mit einer dünnen Rußschicht versehen und auf eine Walze aufgespannt, die, von einem Laufwerk angetrieben, sich um ihre Achse dreht und gleichzeitig seitlich verschiebt. Die Schreibspitze kratzt in die Rußschicht eine feine Kurve ein, die bei unbewegtem Boden die Gestalt einer Schraubenlinie hat. An jedem Tag wird der vollgeschriebene Bogen abgenommen und die Walze neu beschickt. Der abgenommene Bogen wird einige Sekunden lang in eine Fixierflüssigkeit getaucht, die aus einer Lösung von weißem Schellack in Alkohol besteht. Ist der Bogen herausgenommen, so verdunstet der Alkohol aus der haftengebliebenen Lösung sehr rasch, und es bleibt eine dünne, durchsichtige Schellackschicht übrig, auf der man schreiben und sogar mit einem weichen Bleigummi radieren kann, ohne der Rußschicht zu schaden. Zum Schluß werden die noch zusammengeklebten Schmalseiten des Bogens auseinandergeschnitten, und es kann die Bearbeitung der Seismogramme beginnen. Aufzeichnungen dieser Art sind in den Abb. 57, 58 und 76 (S. 90-93, 128) wiedergegeben.

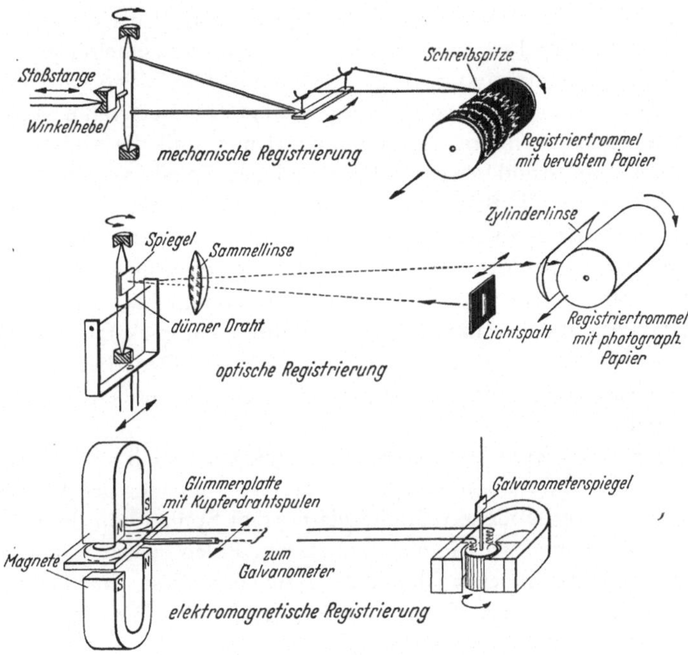

Abb. 45. Arten der Registrierung.

Nachteile der Rußregistrierung sind die Reibung an der Schreibspitze und die Trägheit des langarmigen Hebelsystems. Beide wirken der Bewegung entgegen. Um sie zu überwinden, ist eine große Masse nötig, und es nehmen die zur Aufnahme von Fernbeben bestimmten rein mechanischen Seismographen einen erheblichen Raum ein (z. B. *Wiechert*s Horizontalseismograph, Abb. 51, S. 84). Beide Nachteile vermeidet die *optische Registrierung*. Hier wird der lange Schreibhebel durch einen Lichtstrahl ersetzt. Der Lichtstrahl hat keine Masse und ist daher ohne

Trägheit, er zeichnet reibungslos auf photographischem Papier. Das Prinzip der optischen Registrierung ist sehr einfach. Durch eine spaltförmige Blende wird das Licht einer Lampe auf den an einer drehbaren Achse befestigten Spiegel gerichtet und von diesem zurückgeworfen. Der zurückgeworfene Strahl wird von der mit photographischem Papier bespannten Registriertrommel aufgefangen. Eine Sammellinse vor dem Spiegel sorgt für ein scharfes Bild des Lichtspaltes, das von einer Zylinderlinse zu einem kleinen, hellen Lichtpunkt zusammengezogen wird. Die Walze wird wie bei der mechanischen Registrierung bewegt. Dreht sich die Achse des Spiegels, so nimmt sie den Spiegel mit, und der zurückgeworfene Lichtstrahl bewegt sich hin und her. Es gibt verschiedene Methoden, um die Bewegung des Seismographen auf die Spiegelachse zu übertragen. Die einfache, in Abb. 45 dargestellte Fadenkonstruktion hat sich oft bewährt. Bei der optischen Registrierung kommt man mit kleinen Massen aus, und man kann den ganzen Apparat handlich gestalten. Eine optische Aufzeichnung ist in Abb. 77 (S. 129) wiedergegeben. Für den Dauerbetrieb der Erdbebenwarten sind nur die verhältnismäßig hohen Kosten nachteilig.

Ihrer besonderen Eigenschaften wegen wird auch die *elektromagnetische Registrierung* viel gebraucht. Eine mit der Seismographenmasse verbundene Glimmerplatte trägt Spulen von dünnem Kupferdraht und schwingt zwischen den Polen zweier mit dem Erdboden verbundener Magnete. Man kann diese Einrichtung mit der magnetischen Dämpfung koppeln, wie es bei den Seismographen von *Galitzin* geschehen ist (Abb. 50, S. 83). Die Spulen liegen in einem geschlossenen Kreis, der außerhalb des Seismographen ein Spiegelgalvanometer enthält. Ist der Erdboden in Ruhe, so ist der Kreis stromlos. Bei der Aufnahme eines Bebens kommt es zu Schwingungen der Spulen zwischen den Magneten, es werden in den Spulen Induktionsströme erregt und von dem Spiegelgalvanometer nach der optischen Methode registriert. Die Induktionsströme sind stark, wenn sich die Spulen schnell bewegen, und schwach, wenn die Spulen langsam schwingen. Der Ausschlag des Galvanometers hängt also von der Geschwindigkeit der Bodenbewegung ab, und es wird die Geschwindigkeit, nicht die Größe der Bodenbewegung aufgezeichnet.

Daher sind die elektromagnetisch registrierenden Seismographen
zur Aufnahme kleiner, kurzperiodischer Schwingungen und stoß-
artiger Bewegungen besonders geeignet. Sie können klein und
handlich gebaut werden. Sehr vorteilhaft ist es auch, daß man
das Galvanometer nicht unmittelbar neben dem Seismographen
aufzustellen braucht. Man kann den Seismographen an einem
schwer zugänglichen Ort aufbauen, in Wasser tauchen und in

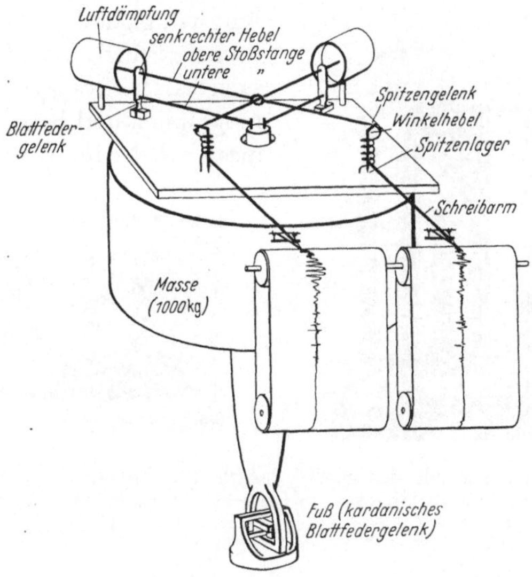

Abb. 46. Schema des Horizontalseismographen von *Wiechert*.

Bohrlöcher versenken, und an bequemem Ort registrieren. Auch
ist es möglich, gleichzeitige Aufzeichnungen mehrerer Seismographen auf denselben Registrierbogen zu bringen (Abb. 87
und 90, S. 139 und 142).

Die beschriebene elektrische Registriermethode ist nicht die
einzige geblieben. So vielseitig wie die Möglichkeiten der Strom-
erzeugung und Stromsteuerung sind die Möglichkeiten der
elektromagnetischen Seismographen. Man kann die Spulen durch
einen Anker aus Weicheisen ersetzen und die Magnete mit Draht-
windungen umgeben, so daß bei den Bewegungen des Ankers
der Kraftfluß in den Magneten geändert wird und hierdurch ein

Strom entsteht. Man kann die eine Platte eines Kondensators am Erdboden, die andere an der Masse anbringen und die bei den Schwingungen auftretenden Kapazitätsänderungen messen. Man hat auch das Prinzip des Hitzdrahtamperemeters in der Weise angewandt, daß eine schwingende Membran in abgeschlossenem Raum einen kühlenden Luftstrom hervorruft, und noch viele andere Verfahren, z. B. die Aufnahme auf Magnetophonband, mit Erfolg ausprobiert. Die Wandlungsfähigkeit des elektromagnetischen Prinzips bringt es mit sich, daß elektromagnetische Seismographen und Erschütterungsmesser in der industriellen Praxis

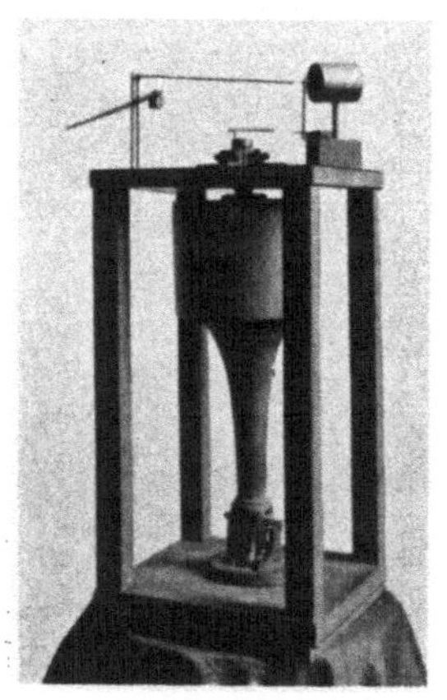

Abb. 47. Holzmodell des Horizontalseismographen von *Wiechert*.

Abb. 48. Fuß des Holzmodells des Horizontalseismographen von *Wiechert*.

sehr beliebt sind und auch bei der Bodenforschung mit künstlichen Erdbeben weitgehende Verwendung finden (s. S. 134).

In den Abb. 46 bis 54 sind einige der bekanntesten Seismographen dargestellt. Abb. 46 zeigt das Prinzip des schon mehrfach erwähnten Horizontalseismographen von *Wiechert*. Die Abb. 47 und 48 sind Ansichten eines im Geodätischen Institut zu Potsdam hergestellten und bei Führungen viel benutzten Holzmodells desselben Seismographen. Besonders schön ist in Abb. 48 das kardanische Blattfedergehänge zu erkennen, an dem der Fuß der 1000 kg schweren Masse reibungslos aufgehängt ist. Eine Ansicht der Registriervorrichtung gibt Abb. 49. Abb. 50 ist eine Umrißzeichnung des elektromagnetischen Vertikalseismographen von *Galitzin*. In ihr ist der eine der Registriermagnete

Abb. 49. Registriereinrichtung des Horizontalseismographen von *Wiechert*. (Presse-Photo)

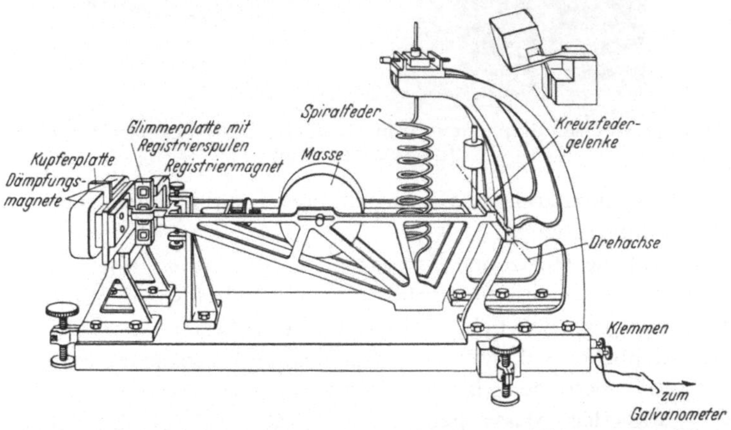

Abb. 50. Vertikalseismograph nach *Galitzin* mit elektromagnetischer Registrierung. (Der vordere Registriermagnet ist weggelassen.)

weggelassen, um einen Blick auf die Spulenplatte zu ermöglichen. Abb. 51 zeigt den Seismographenraum der Potsdamer Erdbebenwarte. In einer Art Museumsschrank steht der *Wiechert*sche

Horizontalseismograph, der seit über 50 Jahren in Betrieb ist. In der Mitte des Sockels steht der Vertikalseismograph von *Galitzin*, und rechts auf dem Sockel sind zwei Horizontalpendel nach *Galitzin-Wilip* zu sehen. Später wurde der Vertikalseismograph durch ein modernes Instrument nach *Galitzin-Wilip* ersetzt, dessen wichtigste Teile aber derart von Schutzhüllen umgeben sind, daß man auf einer Abbildung das Konstruktionsprinzip

Abb. 51. Seismographenraum im Erdbebenhaus des Geodätischen Instituts Potsdam.

nicht erkennen könnte. Die Galvanometer sind in einem anderen Raum untergebracht.

Der kleine Horizontalseismograph nach *Ishimoto* (Abb. 52) ist kein fest aufgebautes Stationsinstrument, sondern soll unmittelbar nach einem großen Beben im Herdgebiet aufgestellt werden, um die Nachbeben aufzunehmen. Als Nahbebeninstrument braucht er keine besonders lange Eigenperiode zu haben; zur Befestigung der Masse genügt daher das einfache Blattfedersystem. Bei der übersichtlichen Bauart läßt er die wichtigsten Konstruktionsteile des mechanisch registrierenden Seismographen gut erkennen. In der Zeichnung sind lediglich einige Stützen, eine für den Transport notwendige Klemmvorrichtung und das Laufwerk der Registrierwalze weggelassen.

Für die Aufnahme schwächerer Nahbeben sind kurzperiodische Seismographen mit elektromagnetischer Übertragung geeignet, wie sie beim Württembergischen Erdbebendienst entwickelt wurden (Abb. 53 und 54). Der Horizontalseismograph ist ein Horizontalpendel, der Vertikalseismograph beruht auf einem ähnlichen Prinzip wie der beschriebene Seismograph von *Galitzin*.

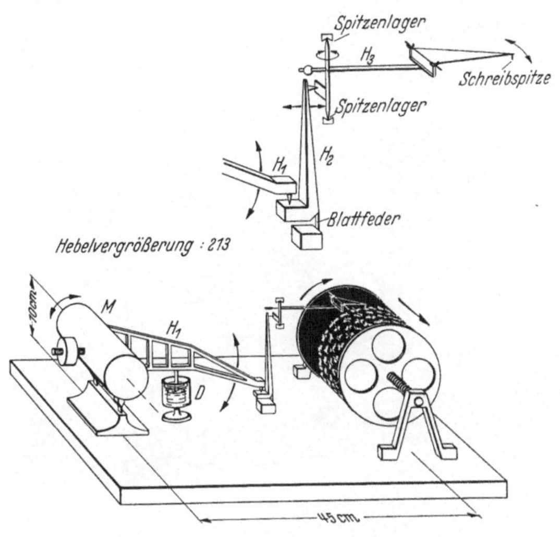

Abb. 52. Kleiner Horizontalseismograph von *Ishimoto*.

Eine vollständige Erdbebenaufzeichnung muß Zeitangaben enthalten. Jeder Seismograph hat also eine Vorrichtung zur *Zeitmarkierung*. Das Prinzip der Zeitmarkierung ist sehr einfach. Die Uhr der Erdbebenstation gibt jede volle Minute einen kurzen, jede volle Stunde einen etwas längeren Kontakt. Während des Kontaktes wird ein Stromkreis geschlossen, in dem die Spule eines neben dem Hebelsystem angebrachten Elektromagneten liegt. Solange der Strom fließt, zieht der Magnet einen Anker an, und der Anker betätigt eine Vorrichtung, die bei mechanisch schreibenden Seismographen die Schreibspitze abhebt oder ablenkt und bei optischer Registrierung den Lichtstrahl auslöscht oder unterbricht. Hiermit ist eine kleine Störung der Aufzeichnung verbunden, und solche Bebeneinsätze, die in die Zeitmarke fallen,

werden nicht registriert. Man kann die Störung vermeiden, wenn
man die Zeitmarkierung einer besonderen Schreibspitze oder
einem besonderen Lichtstrahl überträgt, so daß neben der Erdbebenaufzeichnung eine eigene Zeitmarkierung herläuft. Liegen
die beiden Schreibspitzen oder Lichtstrahlen nicht genau auf
gleicher Höhe, so können Fehler in der Zeitbestimmung vorkommen. Aus diesem Grund ist man auf den meisten Stationen
bei der Unterbrechungsmethode geblieben.

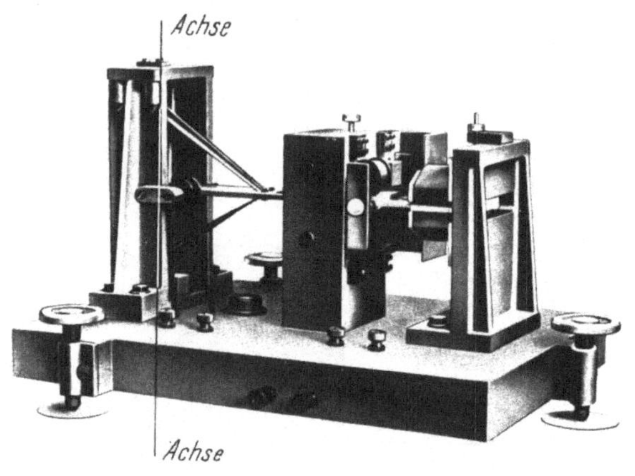

Abb. 53.   Kurzperiodischer   Horizontalseismograph   für   Nahbeben,
Bauart „Stuttgart". Nach *W. Hiller*.

Für die Untersuchung der Erdbebenausbreitung wäre es sehr
lästig, wenn jedes Land seine eigene Zeit benutzt, englische und
französische Erdbebenwarten in westeuropäischer Zeit und deutsche in mitteleuropäischer Zeit registrieren. Daher hat man sich
geeinigt, auf der ganzen Erde die Zeit des Nullmeridians (west-
europäische oder Greenwicher Zeit) zu verwenden. Man nennt
sie auch *Weltzeit*.

Keine Uhr geht absolut genau, auch die Kontaktuhren der
Erdbebenwarten haben ihre Fehler. Deshalb ist es nötig, sie
häufig zu kontrollieren. Die Kontrolle wird jetzt allgemein dadurch vorgenommen, daß man den Stand der Uhr an jedem Tag
mit dem Zeitsignal einer der großen Funkstationen vergleicht.

So wird die erforderliche Genauigkeit von weniger als einer Sekunde
erreicht. Es ist nicht zweckmäßig, die Zeigerstellung jedesmal zu
ändern, wenn ein Standfehler festgestellt wird, da dieser Eingriff
den gleichmäßigen Lauf des Uhrwerkes stören kann. Pendeluhren
kann man dadurch regulieren, daß man kleine Gewichte an
einer hierzu hergerichteten Stelle des Pendels vorsichtig auf-
legt oder abnimmt. Die aus den Uhrvergleichen berechnete Zeit-
korrektion wird den Seismogrammen in der Form „Welt-

Abb. 54. Kurzperiodischer Vertikalseismograph für Nahbeben, Bauart
„Stuttgart''. Nach *W. Hiller*.

zeit = Uhrangabe + Korrektion" beigegeben, wie es an den
Seismogrammen der Abb. 58 (S. 91—93) gezeigt ist.

Wie die fertigen Seismogramme aussehen, lassen die Abb. 55,
56, 57 erkennen. Abb. 55 ist die Nachzeichnung eines der vom
*Wiechert*schen Horizontalseismographen in Göttingen gelieferten
Seismogramme des großen japanischen Erdbebens vom 1. September 1923, ein hervorragendes Beispiel eines Bebens mit
normaler Herdtiefe. Abb. 56 zeigt die Nachzeichnung einer mit
einem elektromagnetischen Horizontalseismographen erhaltenen
Aufzeichnung eines Tiefherdbebens und Abb. 57 einen Ausschnitt der Rußregistrierung von einem Erdbebenschwarm aus
dem Gebiet des Adriatischen Meeres.

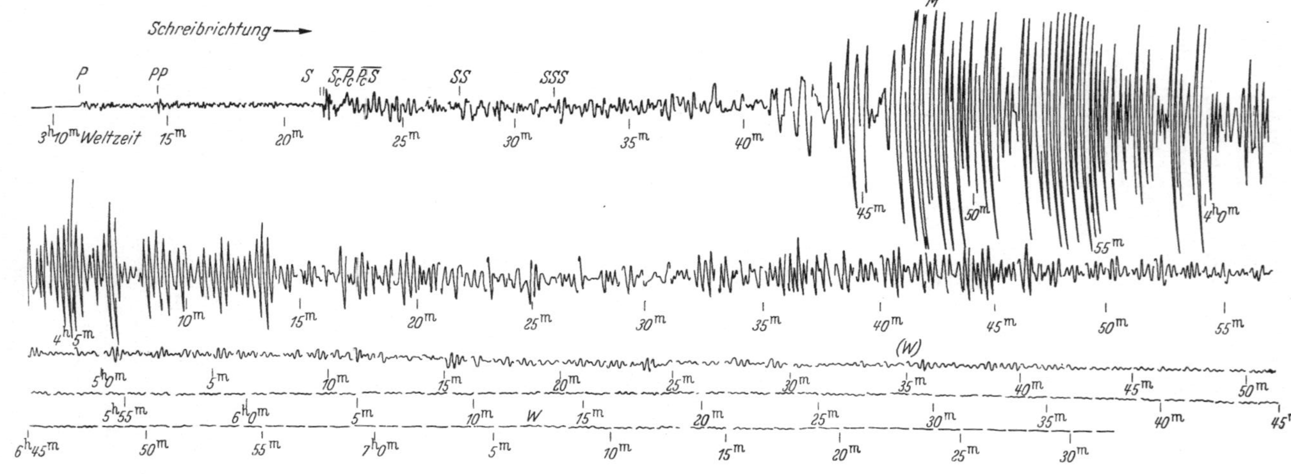

Abb. 55. Japanisches Beben vom 1. September 1923. Herd: Sagami-Bai, etwa 100 km südwestlich von Tokio (38,5°N, 139,4°O), Herdentfernung: 82,8° = 9190 km. Aufgezeichnet in Göttingen. Wiechert-Horizontalseismograph, Ost-West-Komponente. Nachzeichnung der Rußregistrierung. ($^3/_{10}$ der nat. Größe.)

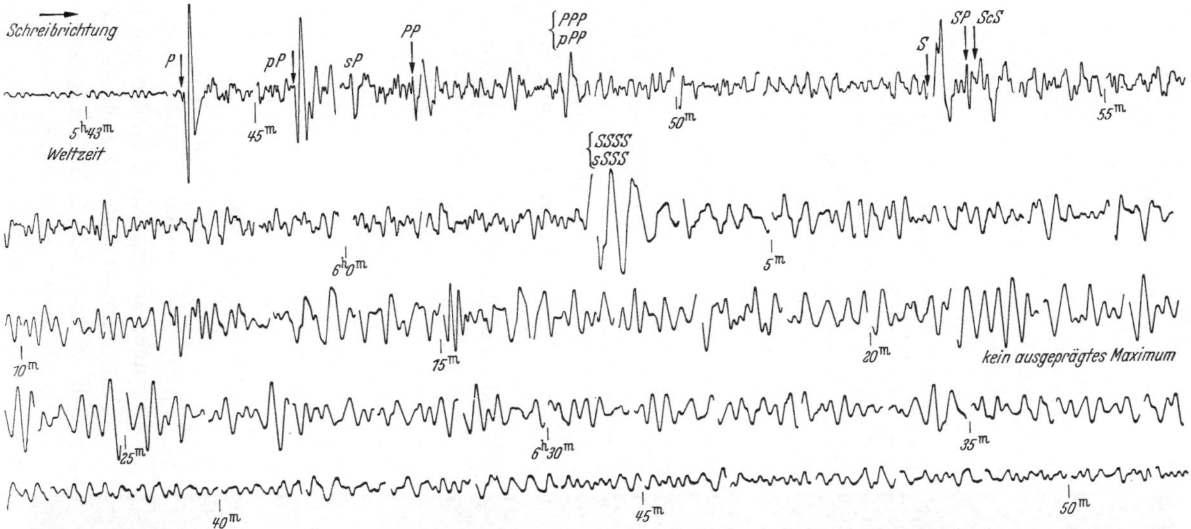

Abb. 56. Tiefes Beben vom 20. Februar 1931. Herd: 300 km nordöstlich von Wladiwostok (44,3° N, 135,5° O). Herdtiefe: 360 km. Aufgezeichnet in Potsdam. Galitzin-Wilip-Vertikalseismograph mit elektromagnetischer Registrierung. Nachzeichnung.

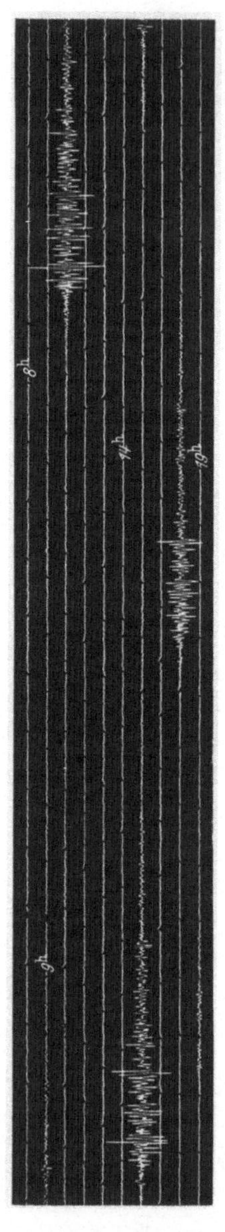

Abb. 57. Erdbebenschwarm aus dem Gebiet des Adriatischen Meeres. Aufgezeichnet in Potsdam. Wiechert-Horizontalseismograph. Ausschnitt aus der Rußregistrierung.

Im Aussehen der Seismogramme prägt sich alles aus, was die Bodenbewegung beeinflussen kann: die Herdentfernung, der Aufbau der Erdkruste im Herd, der durchlaufene Weg, der Stationsuntergrund. Es hängt vom Einzelfall ab, welcher dieser Einflüsse überwiegt. So können die Aufzeichnungen benachbarter Stationen bei ein und demselben Beben sehr verschieden aussehen, und oft weisen die auf derselben Station aufgezeichneten Bodenbewegungen sehr verschiedenartiger Erdbeben unverkennbare Ähnlichkeiten auf. Bei gleicher Herdlage und gleicher Station hat man häufig weitgehende Übereinstimmungen festgestellt.

Unter diesen Einwirkungen hebt sich der Einfluß der Herdentfernung in streng gesetzmäßiger Weise heraus und ermöglicht die Untersuchung der Erdbebenausbreitung mit den Methoden der exakten Naturwissenschaften. Auch auf diesem Gebiete sind die Arbeiten von *E. Wiechert* und seinen Schülern grundlegend gewesen.

Gut ausgebildete Seismogramme (Abb. 55, 56 und 58) gliedern sich in zwei voneinander deutlich unterschiedene Teile: Vorläufer und Hauptphase. Die *Vorläufer* sind Schwingungen mit verhältnismäßig kurzen Perioden von einigen Sekunden. In der Regel beginnen sie mit einem stoßartigen Einsatz, und es heben sich mehrere solcher Einsätze aus der Reihe der etwas regelmäßigeren Schwingungen heraus. Die *Hauptphase* taucht allmählich mit *langen*

Wellen (L) gegen Ende der Vorläufer auf. Hier kommen die
längsten Perioden vor; gelegentlich hat man solche von einer
bis zwei Minuten festgestellt, und es ist wohl möglich, daß noch
längere unter den Vorläufern verborgen sind. Die Schwingungen
werden kürzer und leiten in das *Maximum (M)* über. Perioden

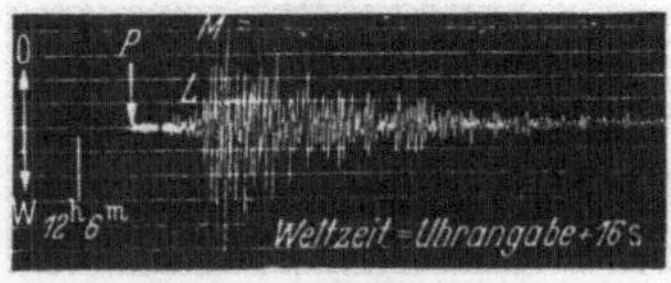

Abb. 58 a

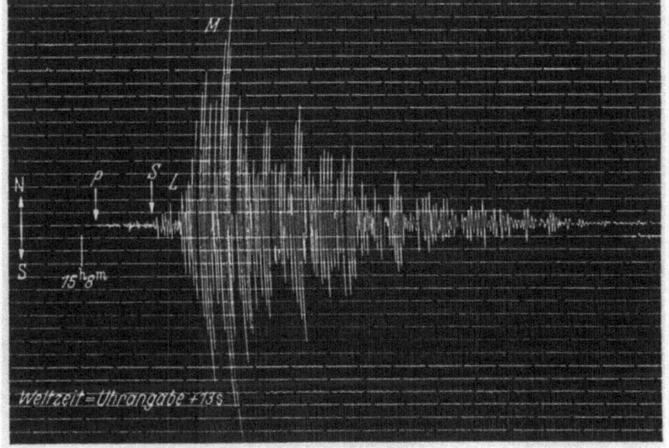

Abb. 58 b

von 12 und 18 Sekunden sind im Maximum der Fernbebenaufzeichnungen häufig. Die Schwingungen können mehrmals nach-
lassen und wieder anwachsen, schließlich fallen sie im Bereich
der *Nachläufer* endgültig ab. Beim Maximum ist zu beachten, daß
es sich um die am größten aufgezeichneten Schwingungen handelt,
die nicht mit den größten Bodenbewegungen zusammenzufallen
brauchen. Da die langperiodischen Wellen mit geringerer Vergrößerung aufgezeichnet werden als die kürzeren, kommt es häufig
vor, daß die größte Bodenbewegung unter den langen Wellen,
weit vor dem Maximum der Aufzeichnung, zu finden ist. Bei tiefen
Beben ist die Hauptphase nur schwach ausgebildet und kann fehlen.

Ordnet man die Seismogramme nach der Herdentfernung
(Abb. 58), so fällt als erstes auf, daß die Bewegung um so länger
andauert, je weiter man vom Herd entfernt ist. Im Schüttergebiet

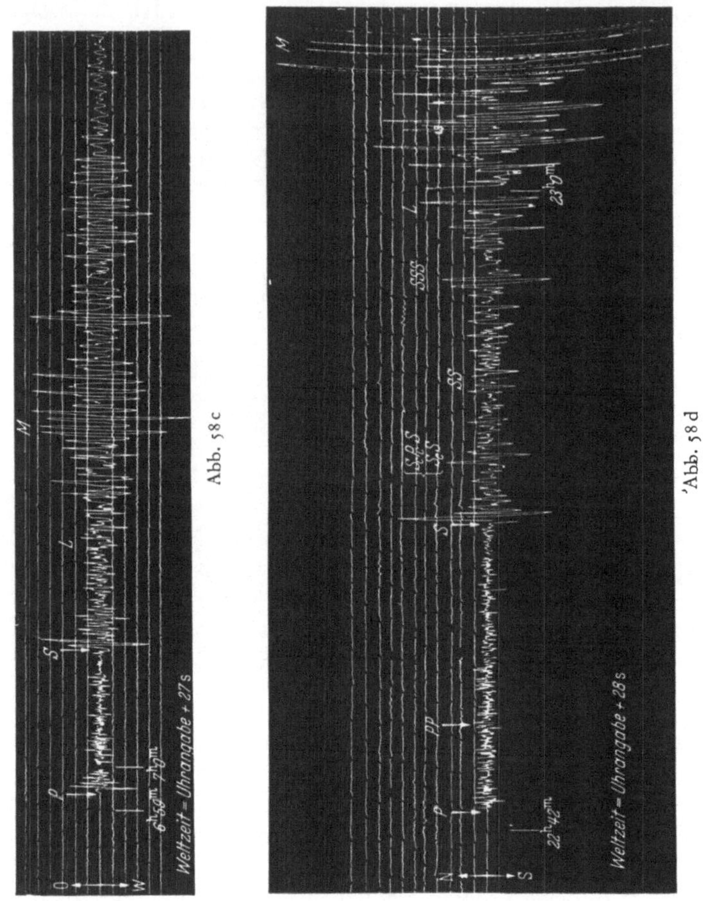

dauert ein Beben höchstens wenige Minuten, in weiter Ferne
einige Stunden.

Der zeitliche Abstand zwischen den Einsätzen der Vorläufer
nimmt nach ganz bestimmten Gesetzen mit der Herdentfernung

zu, und es werden die Zeitunterschiede zwischen den Einsätzen dazu benutzt, die Herdentfernung zu bestimmen. Bis zu einer Herdentfernung von etwa 9000 km treten zwei Einsätze besonders deutlich hervor: der Beginn des Bebens, den man allgemein mit P bezeichnet[1], und eine etwa in der Mitte der Vorläufer einsetzende Bewegung, der man die Bezeichnung S gegeben hat[2]. In größeren Herdentfernungen wird zunächst die S-Phase in eine Gruppe von Einsätzen aufgespalten, dann treten noch andere Erscheinungen auf, die auf kompliziertere Vorgänge bei der Erdbebenausbreitung schließen lassen.

In Herdentfernungen von etwa 2000 km werden zwischen den Einsätzen von P und S und hinter dem S-Einsatz noch weitere Einsätze deutlich. Sie können größer sein als die P- und S-Einsätze, sind aber meist nicht so scharf ausgeprägt. Man hat ihnen Bezeichnungen wie PP, SS, PS, PPP, SSS, PPS gegeben, die erst verständlich sind, wenn man die Natur der P-Bewegung und der S-Bewegung kennt.

---

[1] P = primae undae (lat.) = erste Wellen.

[2] S = secundae undae (lat.) = zweite Wellen.

Abb. 58a—e. Erdbebenaufzeichnungen des Geodätischen Instituts Potsdam. Wiechert-Horizontalseismograph, Rußregistrierung. a) Schwäbische Alb, Süddeutschland. 20. Juli 1913. Herdentfernung: Δ = 550 km, b) Toskana, Italien. 29. Juni 1919. Δ = 1000 km. c) Taurus, Kleinasien. 24. Januar 1916. Δ=2400 km. d) Kansu, China. 22. Mai 1927. Δ = 6700 km. e) Celebes, 14. Mai 1932. Δ = 11600 km.

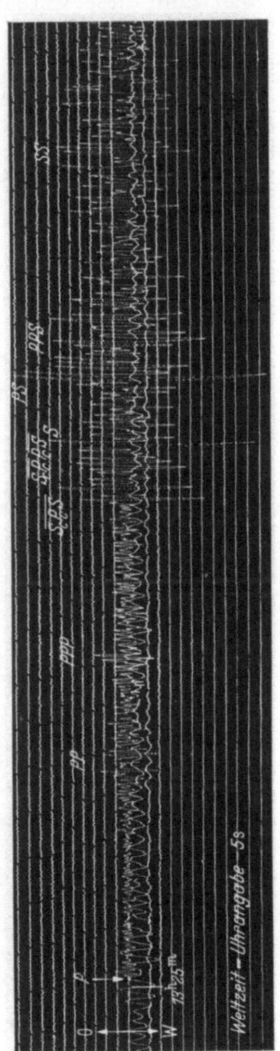

Bereits die beschriebenen Gesetzmäßigkeiten der Erdbeben=
einsätze weisen darauf hin, daß man es mit Bewegungen von
verschiedener physikalischer Natur zu tun hat, die gleichzeitig
den Herd verlassen und auf verschiedenen Wegen mit verschie=
denen Geschwindigkeiten zu den Erdbebenstationen gelangen.
Man kann diese Vorgänge mit einem Rennen oder einer Regatta
vergleichen, in denen die Kämpfer den Startplatz gleichzeitig
verlassen, das Ziel aber mit um so größeren Abständen erreichen,
je weiter es vom Start entfernt liegt.

Ausbreitung der Erdbebenwellen
im tiefen Erdinnern

Von dem in der Tiefe gelegenen Herd breiten sich die Erdbeben
wellenartig nach allen Seiten aus. Ist das Gestein, das den Herd
umgibt, gleichförmig aufgebaut, so daß alle Stellen und alle
Richtungen physikalisch gleichwertig sind, so geht die Aus=
breitung nach allen Richtungen gradlinig mit überall gleicher
Geschwindigkeit vor sich (Abb. 59, links, herdnaher Teil). Man
spricht dann von *Kugelwellen*, weil die *Wellenfront* eine sich
ausdehnende Kugel bildet. Zeichnet man in gleichen Zeitabständen die
jeweilige Lage der Wellenfront auf, so erhält man ein Bild, das den
Wellenringen ähnlich sieht, die sich um den Aufschlagsort eines ins
Wasser geworfenen Steines bilden. Die Ausbreitung erfolgt in Rich=
tung des *Stoßstrahles*. Der Stoßstrahl hat für

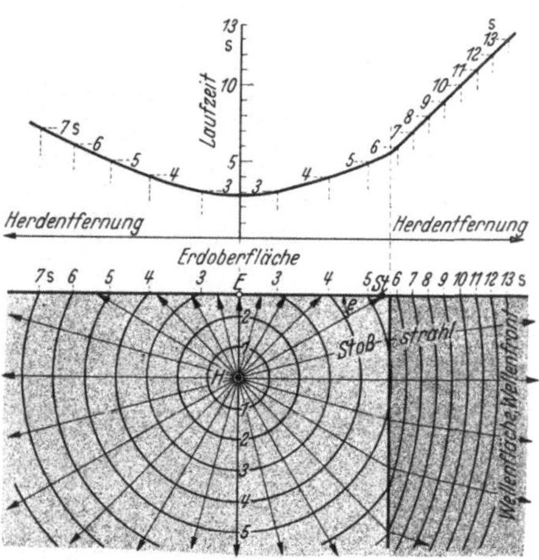

Abb. 59. Grundbegriffe der Erdbebenaus=
breitung. H = Hypozentrum; E = Epi=
zentrum; St = Station, Beobachtungsort;
$\sphericalangle\ e$ = Emergenwinkel; EH = Herd=
tiefe; ESt = Herdentfernung (Epizentral=
entfernung); 1, 2, 3, ... Laufzeit.

94

'die Erdbebenwellen dieselbe Bedeutung wie der Lichtstrahl für die Lichtwellen. Die Analogie geht so weit, daß man die Gesetze der geometrischen Optik auch auf die Stoßstrahlen anwenden kann. Der Stoßstrahl steht senkrecht auf der Wellenfront und ist bei der Kugelwelle radial nach außen gerichtet.

Tritt die Erdbebenwelle in ein Medium über, in dem die Fortpflanzungsgeschwindigkeit eine andere ist, so werden Wellenfront und Stoßstrahlen gebrochen, die Stoßstrahlen genau wie Lichtstrahlen nach dem auf der Trennungsfläche zu errichtenden Einfallslot hin, wenn die Geschwindigkeit im zweiten Medium kleiner ist als im ersten (Abb. 59, rechter Teil), und vom Einfallslot weg, wenn sie im zweiten Medium größer ist. Sind die Medien nicht scharf getrennt und ändert sich die Fortpflanzungsgeschwindigkeit allmählich, so wird die Wellenfront verbogen, und es werden die Stoßstrahlen gekrümmt. Jede solche Unregelmäßigkeit prägt sich in der *Laufzeitkurve* aus (Abb. 59, oberer Teil). Hierauf beruhen die Laufzeitverfahren der Erdbebenforschung, nach denen der Aufbau des Erdinnern aus den Eigentümlichkeiten der Laufzeitkurven erschlossen werden kann.

Wenn die vom Herd ausgehenden *Raumwellen* auf eine Grenzfläche treffen, so wird nicht die ganze Energie durchgelassen. Von dem Rest wird ein Teil zurückgeworfen (reflektiert), der andere Teil in eine Grenzflächenwelle verwandelt. An der Erdoberfläche tritt nur die sehr geringe Energie des Erdbebenschalles in die Luft aus, so gut wie alle Energie wird teils zurückgeworfen, teils in eine Oberflächenwelle umgesetzt.

Die *Reflexion* geschieht wie in der Optik in solcher Weise, daß der Abgangswinkel dem Ankunftswinkel gleich ist, wenn die Welle ihre Natur beibehält. Bei der Reflexion und bei der Brechung von Erdbebenwellen kommt es aber vor, daß eine andere Wellenart mit anderen Fortpflanzungsgeschwindigkeiten entsteht. In diesen Fällen gibt das allgemeinere Gesetz, daß die Laufgeschwindigkeit erhalten bleibt, mit der die Wellenfront an der Grenzfläche entlangstreicht.

Grenzflächenwellen und *Oberflächenwellen* werden von den Flächen geführt, sie werden daher auch *geführte Wellen* genannt. Ihre Schwingungsweite nimmt schnell ab, wenn man sich von der führenden Fläche entfernt. Sie breiten sich nur in zwei Dimensionen aus, während die Raumwellen ein dreidimensionales Gebilde durchdringen. So kommt es, daß Energie und Schwingungsweite von geführten Wellen viel langsamer mit der Herdentfernung abnehmen als die der Raumwellen.

Man kennt zwei Arten von Raumwellen: Verdichtungswellen und Scherungswellen, und man kennt zwei Arten von Oberflächenwellen, die man als *Rayleigh*-Wellen[1] und Querschwingungen (auch *Love*-Wellen[1]) bezeichnet. Man kann die Natur dieser Wellen auf verschiedene Weise veranschaulichen. Entweder zeichnet man auf, welchen Weg die einzelnen Bodenteilchen während einer Schwingung zurücklegen und in welcher Lage sich die Teilchen in bestimmten Augenblicken befinden, oder man stellt an Augenblicksbildern dar, wie sich ein aus würfelförmigen Elementen zusammengesetzter Gesteinsblock beim Durchgang der Wellen verbiegt. In Abb. 60 ist durchweg die zweite Darstellungsart verwendet und die erste nur bei der Scherungswelle und der *Rayleigh*-Welle beigefügt.

Verdichtungswellen werden auch *longitudinale Wellen* genannt. Bei ihnen schwingen die Bodenteilchen in der Fortpflanzungsrichtung hin und her, und es folgen Verdichtungen und Verdünnungen aufeinander. Verdichtungswellen kommen in allen Körpern vor. Die Verdichtungswellen in Gasen und Flüssigkeiten werden *Schall* genannt, und es wird dieser Ausdruck auch häufig auf die Verdichtungswellen in festen Körpern übertragen.

In den *Scherungswellen*, die man auch als *transversale Wellen* bezeichnet, schwingen die Bodenteilchen senkrecht zur Fortpflanzungsrichtung. Es ist jede Schwingungsrichtung möglich, die auf der Fortpflanzungsrichtung senkrecht steht, und jede Kombination solcher Schwingungen. Beim Vorübergang einer Scherungswelle treten keine Verdichtungen und Verdünnungen auf; es folgen verschieden gerichtete Verbiegungen aufeinander, deren Gesamtheit man als Scherung bezeichnet. Scherungswellen kommen nur in festen Körpern vor, die der Formänderung einen Widerstand entgegensetzen. Umgekehrt ist das Auftreten von Scherungswellen ein sicheres Anzeichen dafür, daß der von ihnen durchdrungene Körper in festem Zustand ist.

---

[1] Genannt nach den Physikern, die sie zuerst theoretisch untersucht haben.

Die Fortpflanzungsgeschwindigkeit der Verdichtungswellen hängt von dem Widerstand gegen Zusammenpressung, dem Widerstand gegen Formänderung und der Dichte des tragenden Mediums ab, die Fortpflanzungsgeschwindigkeit der Scherungswellen nur von dem Widerstand gegen Formänderung und der

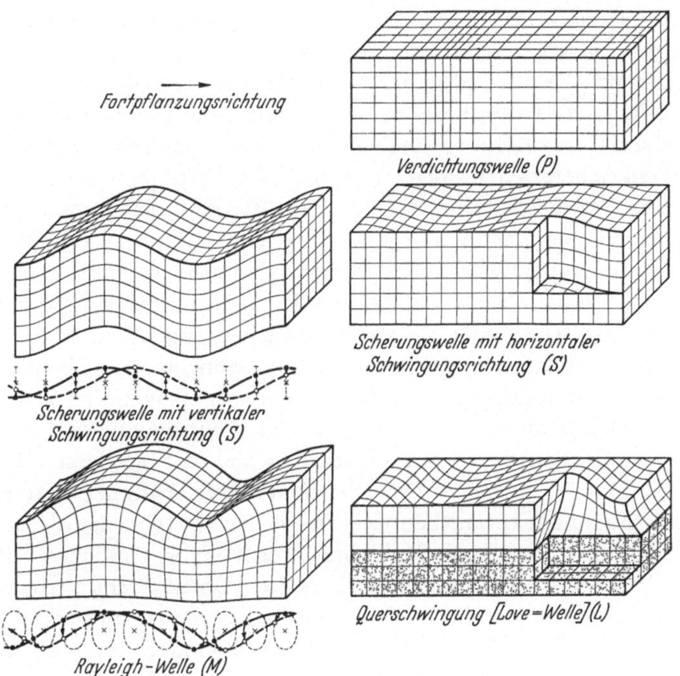

Abb. 60. Augenblicksbilder der verschiedenen Arten von Erdbebenwellen.

Dichte. Die Geschwindigkeiten beider Wellenarten verhalten sich wie die Wurzeln aus den Widerständen und umgekehrt wie die Wurzeln aus der Dichte. Die Fortpflanzungsgeschwindigkeit der Verdichtungswellen ist größer als die der Scherungswellen.

Rayleigh-Wellen werden von einer bestimmten Herdentfernung an erregt, wenn Verdichtungswellen oder Scherungswellen aus der Tiefe an die Oberfläche gelangen. In ihrer Erscheinungsform — nicht ihrer physikalischen Natur — ähneln sie den Wasserwellen. Die Bodenteilchen schwingen in elliptischen Bahnen, die in der durch die Fortpflanzungsrichtung gelegten Vertikalebene liegen. In den Rayleigh-Wellen kommen Verdichtungen und Scherungen vor. An der Erdoberfläche pflanzen sie sich mit einer Geschwindigkeit fort, die etwa $^9/_{10}$ der Geschwindigkeit der Scherungswellen beträgt.

Querschwingungen sind Oberflächenscherungswellen mit nur horizontalen, auf der Fortpflanzungsrichtung senkrechten Schwingungen. Sie können nur dann auftreten, wenn die Fortpflanzungsgeschwindigkeit der Scherungswellen in der Tiefe größer als an der Oberfläche ist, insbesondere dann, wenn die Geschwindigkeit an einer Grenzfläche sprunghaft zunimmt. Querschwingungen sind ein sicheres Anzeichen dafür, daß sich die Eigenschaften des Mediums in diesem Sinn mit der Tiefe ändern. Die Zusammenhänge zwischen der Periode und der Geschwindigkeit, zwischen der Schwingungsweite und der Tiefe sind sehr verwickelt und lassen sich nur an Hand theoretischer Untersuchungen vollständig beschreiben. Geht man von der Oberfläche in die Tiefe, so kann die Schwingungsweite mehrmals ab- und zunehmen, schließlich nimmt sie endgültig ab. Die Fortpflanzungsgeschwindigkeit der Querschwingungen liegt zwischen der Geschwindigkeit von Scherungswellen unter der Oberfläche und der größeren Geschwindigkeit von Scherungswellen in der Tiefe. Langperiodische Querschwingungen tauchen tief ein und laufen schneller als die kurzperiodischen, deren Bewegungen sich im wesentlichen auf die oberen Gebiete beschränken. Ist die Unterschicht verhältnismäßig starr, so wird auf sie nur wenig Bewegungsenergie übertragen. Dann kann man die Querschwingungen mit den Bewegungen eines Puddings auf fester Schüssel vergleichen.

Alle diese Schwingungsarten sind in den Erdbebenwellen vorhanden. Der *P*-Einsatz zeigt die Ankunft der Verdichtungswelle, der *S*-Einsatz die Scherungswelle an. Die langen Wellen enthalten im wesentlichen Querschwingungen, und vor dem Maximum tritt eine Art von Rayleigh-Wellen auf.

An der Deutung des *P*-Einsatzes ist nicht zu zweifeln, hat man doch in zahllosen Fällen aus den Registrierungen nachgewiesen, daß die Bodenbewegung des ersten Einsatzes in der Fortpflanzungsrichtung vor sich geht. Die Schwingungsrichtung im *S*-Einsatz läßt sich nicht so sicher ermitteln. Denn der Einsatz ist von noch nicht vollständig abgeklungenen Verdichtungswellen überlagert, und es ist nicht immer sicher, ob die erste deutlich sichtbare Schwingung im S-Einsatz tatsächlich die erste S-Bewegung darstellt. Entscheidend für die Deutung als Scherungswellen sind die Laufzeiten, die ganz den aus ihrer Theorie abgeleiteten Erwartungen entsprechen.

Aus den Laufzeiten ist mit Sicherheit nachgewiesen, daß die Schwingungen der Hauptphase Oberflächenwellen sind. Hiermit stimmt auch überein, daß sie mit wachsender Herdentfernung nicht so schnell abnehmen wie die Vorläufer. Es ist jedoch

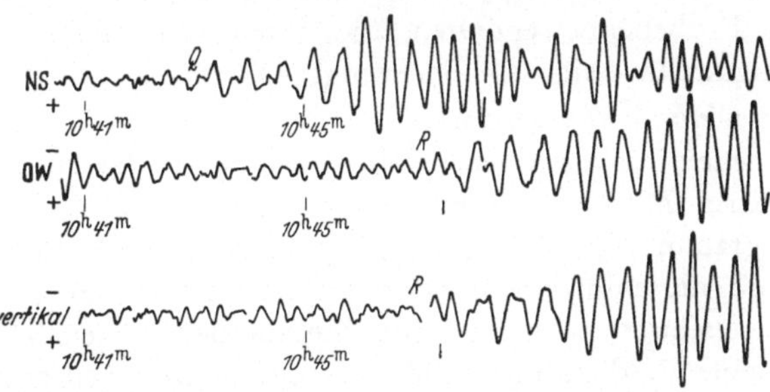

Abb. 61. Oberflächenwellen des mittelamerikanischen Bebens vom 4. März 1924. Aufgezeichnet in Straßburg. Herdentfernung 9300 km, Ankunftsrichtung W 8° N. $Q =$ Einsatz der Querschwingungen; $R =$ Einsatz der Rayleighwellen.

schwierig, die Querschwingungen und Rayleigh-Wellen in den Aufzeichnungen zu unterscheiden. Der Unterschied ist augenfällig, wenn die Seismographen zufällig so aufgestellt sind, daß die eine Horizontalkomponente der Registrierung nahezu in die Ankunftsrichtung fällt und die andere Horizontalkomponente auf ihr senkrecht steht (Abb. 61). Dann ist die Querschwingung Q daran zu erkennen, daß sie keine Vertikalkomponente und nur eine horizontale Querkomponente hat, während der Rayleigh-Welle R gerade diese Komponente fehlt.

Die Raumwellen gehen vom Herd nach allen Richtungen aus und dringen in die Tiefe des Erdkörpers ein. Da die Erdoberfläche gekrümmt ist, müssen sie je nach der Abgangsrichtung in mehr oder weniger großer Herdentfernung wieder an der Erdoberfläche auftauchen. An der Erdoberfläche werden sie zurückgeworfen und beginnen ihren Weg in die Tiefe von neuem. Das kann mehrmals geschehen. Bei der Reflexion können die Wellen ihre Natur ändern. So kann aus einer ankommenden Verdichtungswelle außer einer zurückgeworfenen Verdichtungswelle auch eine Scherungswelle entstehen, und eine ankommende Scherungswelle kann Anlaß zur Aussendung einer zurückgeworfenen Scherungswelle und einer Verdichtungswelle sein. Hierbei folgt jeweils nur die der einfallenden Welle gleichartige Welle dem optischen Reflexionsgesetz vom gleichen Ankunfts- und Abgangswinkel; stets liegt der Weg der ausgesandten Scherungswelle ein wenig tiefer als der Weg der zugleich ausgesandten Verdichtungswelle. Erdbebenbewegungen, die ihren Weg teils als Verdichtungswelle, teils als Scherungswelle zurückgelegt haben, werden *Wechselwellen* genannt.

Den reflektierten Erdbebenwellen entsprechen die mit mehreren Buchstaben P und S bezeichneten Einsätze der Vorläufer im Seismogramm. PP ist die einmal reflektierte reine Verdichtungswelle, SS die einmal reflektierte reine Scherungswelle, PS eine einmal reflektierte Wechselwelle, die auf dem ersten Teil ihres Weges eine Verdichtungswelle, auf dem zweiten Teil eine Scherungswelle gewesen ist. Es ist auch eine Wechselwelle SP möglich; sie muß aber mit der PS-Bewegung gleichzeitig eintreffen und kann daher in den Aufzeichnungen nicht von ihr unterschieden werden. Zweimal reflektierte Erdbebenwellen treten in den Einsätzen PPP, SSS, PPS (PSP, SPP) und PSS (SPS, SSP) auf. In sehr starken Beben werden auch dreimal reflektierte Bewegungen festgestellt.

An einem durch den Erdkörper gelegten Schnitt zeigt Abb. 62 die Wege der Erdbebenwellen im Erdinnern. Links oben sind die Wege der einfachen Raumwellen aufgezeichnet. Aus den beobachteten Laufzeiten hat man berechnet, daß die Wege nicht ganz geradlinig, die Wellen also nicht genau Kugelwellen sind. Die Stoßbahnen sind gekrümmt, ihr Scheitel liegt in der Tiefe. Daher tauchen die Bewegungen etwas früher an der Erdoberfläche auf, als es bei geradliniger Fortpflanzung der Fall wäre. Hiervon abgesehen, wären dieselben Ausbreitungserscheinungen auch bei Kugelwellen zu erwarten.

Die Aufspaltung der S-Phase, die in Herdentfernungen von etwa 9000 km beginnt, ist die Wirkung einer ausgeprägten Grenzfläche des tiefen Erdinnern, die den *Erdkern* umschließt (Abb. 62, rechts oben). An der Kerngrenze können die ankommenden Erdbebenwellen zurückgeworfen und gebrochen werden, sowohl außen als innen. Erdbebenwellen, die an die Kerngrenze gelangt sind oder sie überschritten haben, werden *Kernphasen* genannt, und es wird jedes Zusammentreffen mit der Kerngrenze durch den

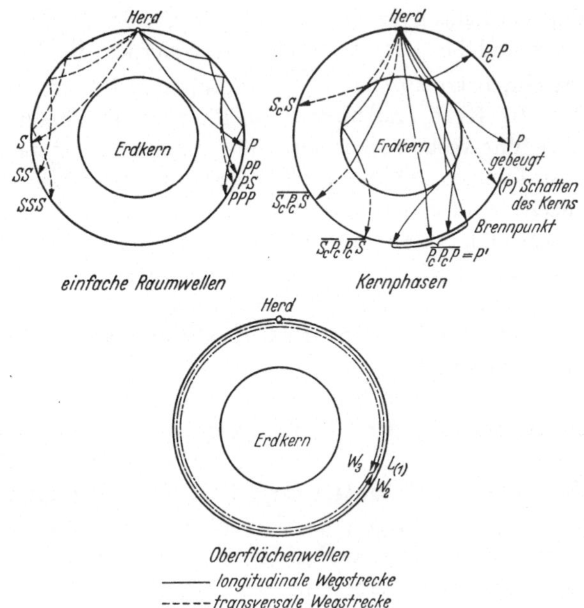

Abb. 62. Die Wege der Erdbebenwellen.

Index c im Buchstabensymbol hervorgehoben[1]. Oft ist es noch üblich, Brechungen an der Kerngrenze mit einem durchgehenden Querstrich über den Buchstaben zu bezeichnen und diesen Querstrich zur Kennzeichnung innerer Reflexionen zu unterbrechen[2].

Aus den Laufzeiten hat man festgestellt, daß die Fortpflanzungsgeschwindigkeit der Verdichtungswellen im Kern erheblich ge-

---

[1] c von englisch „core" = Kern.

[2] In verständlicher Weise wird neuerdings die den Kern durchlaufende Bewegung auch mit K bezeichnet, so daß SKS, $SKKS$, ... dieselbe Bedeutung wie $\overline{S_cP_c}S$, $\overline{S_cP_c}\,\overline{P_cS}$, ... haben.

ringer als in den darüberliegenden Schichten ist. Daher wirkt der
Kern ähnlich wie eine Sammellinse und sammelt die ihn durch-
dringenden Bewegungen in den herdfernen Gebieten. Hierbei
tritt in den mittleren Entfernungen eine von stärkeren Erdbebenwellen freie Zone auf, der *Schatten des Erdkerns*. Nur schwache
Bewegungen, die man *gebeugte Wellen* nennt, können in die Schattenzone gelangen.

Für die Verdichtungswelle, die ohne Reflexionen den Kern
durchdringt und bei den Antipoden[1] des Herdes die Erdober-
fläche erreicht, hat man statt $\overline{P_c P_c P}$ die kürzere Bezeichnung P'
eingeführt. Im Kern und hinter dem Kern ist die Ausbreitung
dieser Bewegung recht verwickelt. Wie in Abb. 62 (rechts oben)
zu sehen ist, kreuzen sich ihre Stoßstrahlen, und es treffen an der
Erdoberfläche zwei Stöße nacheinander ein. Sie werden mit P'_1
und P'_2 bezeichnet. An der Grenze des P'-Gebietes kommen diese beiden Stöße gleichzeitig an, addieren sich und
bringen dort eine besonders auffallende Bodenbewegung hervor.
In Analogie mit ähnlichen optischen Erscheinungen spricht man
von einem *Brennpunkt*[2].

In den Aufzeichnungen mancher Beben sind Schatten, Brennpunkt und Aufspaltung der P'-Phase deutlich zu erkennen, wenn
man die Stärke des P- bzw. P'-Einsatzes mit dem vom Erdkern
noch unbeeinflußten PP-Einsatz vergleicht. Eines der am besten
bekannten Beispiele bringt Abb. 63. In den Herdentfernungen
von 87,3° und 98,2° (9790 und 10910 km) ist noch nichts Auf-
fälliges zu bemerken. Aber in der Herdentfernung 124,8°
(13 870 km) ist der P-Einsatz wesentlich schwächer geworden als
PP, und es zeigt sich hiermit der Schatten des Erdkerns an.
Die etwas stärkere Bewegung zwischen (P) und PP ist schwer
zu deuten. Ähnlich liegen die Verhältnisse 138,2° (15 360 km) vom
Herd entfernt. Den Brennpunkt zeigen die nächsten Seismogramme an, die in den nicht sehr verschiedenen Herdentfernungen
143,6° (15 950 km) und 146,7° (16 300 km) aufgenommen wurden.
Im ersten sind die Verhältnisse noch wie im Schattengebiet; im

---

[1] Antipoden („Gegenfüßler"): Die Bewohner des Gegenpunktes,
der an dem anderen Ende des Erddurchmessers liegt.

[2] Genauer wäre „Brennkreis", denn die Begrenzung des P'-Gebietes
wird von einem Kreis gebildet. Der übliche Ausdruck „Brennpunkt"
bezieht sich auf die Schnittfigur.

zweiten aber trifft vor PP die auffällige P'-Bewegung ein, bereits in zwei Einsätze gespalten, da man sich schon etwas hinter dem Brennpunkt befindet. Mit weiter wachsender Herdentfernung rücken die P'-Einsätze auseinander und nehmen in normaler Weise

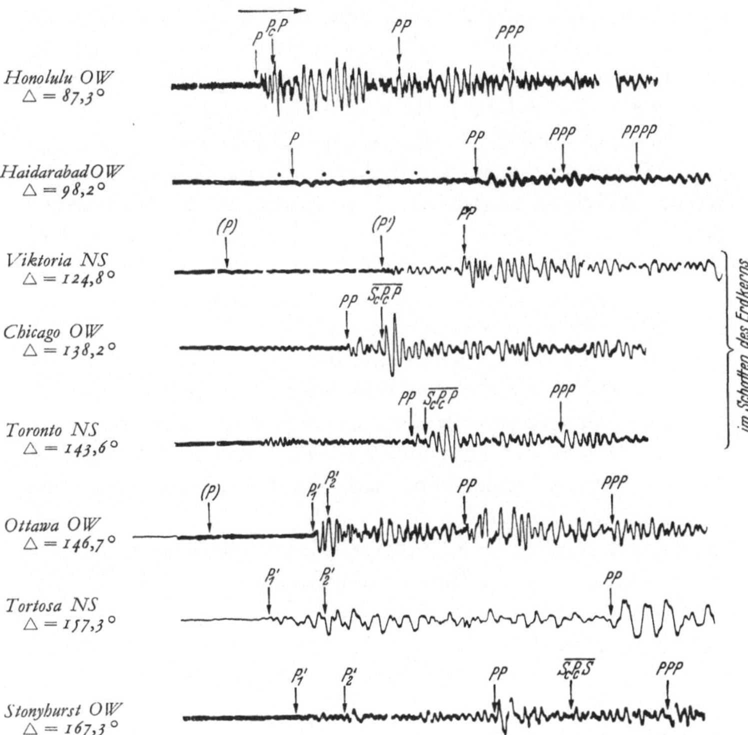

Abb. 63. Schatten des Erdkerns und Brennpunkt. Beginn des südpazifischen Erdbebens vom 26. Juni 1924 (Herd: 59,9° S, 115,6° O) in verschiedenen Herdentfernungen $\varDelta$.

ab. So sind sie in den Herdentfernungen 157,3° und 167,3° (17480 und 18590 km) zu sehen.

Die im herdnahen Teil des Schattens des Erdkerns auftretenden gebeugten Wellen lassen sich wahrscheinlich als eine Bewegung erklären, die ein Stück weit an der Kerngrenze entlang geführt wird und ihre Energie laufend in die Schattenzone hinein abgibt

(Abb. 67, S. 113). Sehr viel schwieriger ist die Deutung der im herdfernen Teil des Schattens festgestellten schwachen Bewegung. Vielleicht macht sich hier eine Zweiteilung des Erdkerns in einen äußeren und einen inneren Kern bemerkbar (S. 113—115).

Die Oberflächenwellen kommen aus dem Herdgebiet und pflanzen sich längs der Erdoberfläche nach allen Richtungen hin fort. Sie können den Beobachtungsort auf einem nahen Weg und auf einem weiten Weg erreichen (L und W_2, Abb. 62 unten), sogar die Erdoberfläche mehrmals umlaufen (W_3). Die mit W bezeichneten Oberflächenwellen werden *Wiederkehrwellen* genannt. In den Seismogrammen sehr starker Erdbeben heben sie sich als gelinde Anschwellungen aus den abklingenden Nachläufern heraus (Abb. 55, S. 88). Sie können leicht mit der Hauptphase schwächerer Nachbeben oder auch mit schwachen Beben verwechselt werden, die gar nichts mit dem großen Beben zu tun haben. Meist ist eine Entscheidung an Hand der Laufzeiten möglich.

Würden sich die Oberflächenwellen ganz gleichmäßig und ungeschwächt ausbreiten, so müßten sie im Gegenpunkt des Herdes wieder zusammenlaufen und dort ein starkes Beben erzeugen. Ein solches Gegenpunktbeben hat man nicht festgestellt. Man darf daher annehmen, daß die Oberflächenwellen im Schollenmosaik der Erdkruste in vielfältiger Weise gespalten, abgelenkt, auf verschiedene Umwege geleitet und geschwächt werden, so daß es zu einer Energiesammlung im Gegenpunkt nicht mehr kommt.

Die Stoßbahnen zwischen Herd und Station liegen in der Ebene, die den Herd, die Station und den Erdmittelpunkt enthält. Diese Ebene schneidet die Erdoberfläche in einem Großkreis, der — von den kleinen Unregelmäßigkeiten abgesehen — den Weg der Oberflächenwellen darstellt. Der kurze Teil des Großkreises ist die nächste Verbindung von Herd und Station auf der Erdoberfläche; seine Richtung an der Station gibt die Himmelsrichtung an, aus der die Beben eintreffen.

Grundlage der wissenschaftlichen Erforschung der Erdbebenausbreitung sind die schon mehrfach erwähnten *Laufzeiten*. Sie werden in der Form von *Laufzeitkurven* zusammengestellt, deren wichtigste in Abb. 64 zu sehen sind. Die Laufzeitkurven werden aus den Aufzeichnungen solcher Beben abgeleitet, bei denen die

Herdlage und die Zeit des Herdvorgangs bekannt sind oder sich aus Aufzeichnungen herdnaher Stationen genau genug bestimmen lassen. Wie alle Erfahrungsergebnisse, müssen auch die Laufzeit-kurven von Zeit zu Zeit nachgeprüft und, wenn nötig, den neueren Beobachtungen angepaßt werden.

Die Darstellungsart der Laufzeitkurven dürfte verständlich sein. Auf den waagrechten Rändern („Achsen") ist die Herdentfernung

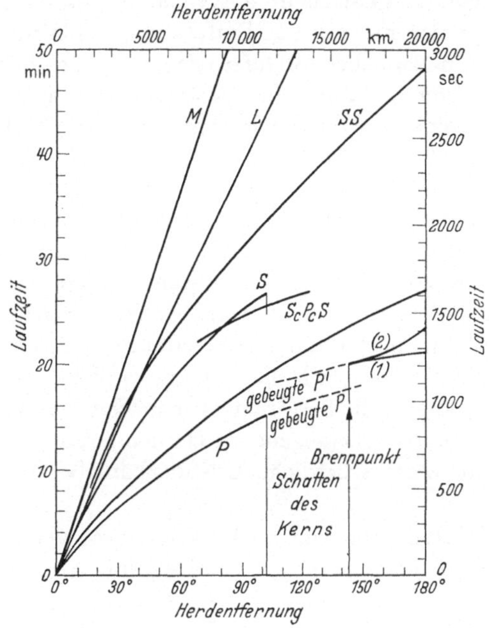

Abb. 64. Laufzeitkurven von Fernbeben mit oberflächennahem Herd.

aufgetragen, auf den senkrechten Rändern die Laufzeit. Um die Laufzeit einer der Erdbebenwellen für eine bestimmte Herd-entfernung zu finden, sucht man auf einer der waagrechten Achsen den mit dieser Herdentfernung bezifferten Punkt, geht von dort in senkrechter Richtung bis zu der mit dem Buchstaben-symbol der zu untersuchenden Erdbebenwelle bezeichneten Kurve und von dem hiermit angeschnittenen Punkt in waagrechter Richtung bis zu einem bezifferten senkrechten Rand. Hier wird die Laufzeit abgelesen.

Die Abplattung der Erde bringt es mit sich, daß die Laufzeiten
der Fernbebenvorläufer eine kleine Abhängigkeit von der geographischen Lage des Herdes und der Station zeigen. Diesen
Einfluß kann man rechnerisch erfassen und berücksichtigen.
Andere Abhängigkeiten der Laufzeit von dem durchlaufenen
Weg hat man bei den Fernbebenvorläufern nicht feststellen können.
Man darf also annehmen, daß das tiefe Erdinnere aus in sich
gleichförmigen Kugelschalen[1] aufgebaut ist und die Material-
eigenschaften sich nur mit der Entfernung vom Erdmittelpunkt
ändern. In den Nahbebenvorläufern dagegen prägt sich die ganze
Vielseitigkeit der Erdkruste aus. Während man aus zahlreichen
Fernbeben, wenn ihre Herde in einigermaßen gleichen Tiefen
liegen, mittlere Laufzeiten ableiten und diese für die Untersuchung
des Erdinnern verwenden kann, muß jedes Nahbeben für sich
behandelt werden, und es sind die auf dem einen Erdteil gewonne-
nen Erkenntnisse vom Aufbau der Erdkruste nicht ohne weiteres
auf andere Erdteile übertragbar. Zunächst sollen die Ergebnisse
der weniger verwickelten Fernbebenseismik betrachtet werden.

Als erstes kann man mit den Laufzeitkurven die *Herdentfernung*
eines neuen Bebens bestimmen. Kommt es nicht auf große Genauigkeit an, so geht die Bestimmung sehr schnell vonstatten, und
die den Pressenotizen beigegebenen Herdentfernungen sind nicht
als besondere wissenschaftliche Leistung des Bearbeiters anzusehen.

Am einfachsten geht man in der folgenden Weise vor. Man
nimmt einen langen Papierstreifen und legt ihn so auf den fixierten
Registrierbogen, daß er der Erdbebenaufzeichnung parallel läuft.
Sodann werden alle Zeitmarken und alle auffallenden Einsätze in
Form von Strichmarken auf den Papierstreifen übertragen. Die
Marken auf dem Papierstreifen haben den Zeitmaßstab des Seis-
mogramms. Sie werden schnell auf einen kleineren Streifen übertragen, so daß sie im Maßstab der Zeitachse der Laufzeitkurve
erscheinen. Den kleinen Streifen legt man auf das Laufzeit-
kurvenblatt und bringt ihn in eine der Zeitachse parallele Lage.
Unter Wahrung seiner Richtung schiebt man ihn nun solange
nach allen Seiten hin und her, bis sich die auf ihm angebrachten
Marken mit den unter dem Streifenrand verschwindenden

---

[1] Genauer: Schalen von schwach abgeplatteten Rotationsellipsoiden.

Laufzeitkurven decken. Wo der Streifenrand die Entfernungs-
achsen schneidet, kann jetzt die Herdentfernung abgelesen werden.

Nicht immer wird vollständige Übereinstimmung der Strichmarken mit den Laufzeitkurven zu erzielen sein. Dann bleibt es
der Erfahrung des Bearbeiters überlassen, welche Einsätze er als
zuverlässig ansieht und welche nicht. Stets ist ausgeprägten,
scharfen Einsätzen der Vorzug zu geben. Möglichkeiten zu Irr-
tümern bestehen bei großen Herdentfernungen, z. B. im Schatten
des Erdkerns, wo die gebeugten $\overline{P}$-Wellen häufig nicht erkennbar
sind, so daß man PP mit P, $\overline{S_cP_cS}$ mit PP verwechseln und dadurch zu kleine Herdentfernungen erhalten kann. Oft bietet die
Gesamtlänge des Bebens eine Möglichkeit zur richtigen Entscheidung; in sehr schwierigen Fällen sind die Ergebnisse von
anderen, günstiger gelegenen Erdbebenwarten abzuwarten.
Es wird dem Leser nicht schwer fallen, an Hand dieser Anleitung
die in den Abb. 55 und 58 (S. 88 und 91) angegebenen Herdentfernungen mit Hilfe der Abb. 64 nachzuprüfen, soweit es bei dem
kleinen Maßstab der Abbildungen und Laufzeitkurven möglich ist.

Eine einzelne Herdentfernung gibt noch nicht den Herd des
Bebens, nur als ersten geometrischen Ort den mit der berechneten
Herdentfernung um die Station beschriebenen Kreis. So kann
ein in Potsdam aufgezeichnetes, aus einer Entfernung von
10000 km gekommenes Beben seinen Ursprung in Mexiko, in
Kalifornien, auf den südlichen Philippinen, auf Sumatra und in
den nördlichen Anden haben, wenn man nur die wichtigsten
Erdbebengebiete in Betracht zieht. Bisweilen gibt das Aussehen
der Aufzeichnung einen Anhalt für die Herdlage, zeichnen sich
doch die Oberflächenwellen, die unter einem Ozean hergelaufen
sind, häufig durch besondere Klarheit vor den auf rein kontinen-
talen Wegen gelaufenen Oberflächenwellen aus. Ist der P-Einsatz
in beiden Horizontalkomponenten deutlich ausgeprägt, so kann
man aus dem Größenverhältnis dieser Komponenten die Richtung
zum Herd oder ihre Gegenrichtung erhalten und braucht dann
nur noch zwischen diesen beiden Möglichkeiten zu wählen. Zwei
Möglichkeiten bleiben auch, wenn man zur Herdbestimmung
zwei Stationen und ihre Herdentfernungen benutzt, denn die
Kreise um beide Stationen schneiden sich in zwei Punkten.
Erst die Hinzunahme der senkrechten Komponente im ersten

Fall oder einer dritten Station mit ihrer Herdentfernung im andern Fall kann die Entscheidung bringen. In der Praxis verwendet man möglichst viele Stationen und Herdentfernungen, die in verschiedenen Kombinationen wegen der unvermeidlichen Ungenauigkeiten und Ablesefehler etwas verschiedene Herdlagen geben. Das Mittel dieser Herdangaben kann als der wahrscheinlichste Herd angesehen werden. Seine Bestimmung gelingt um so genauer, je mehr zuverlässige Beobachtungen zur Verfügung stehen. Günstiger liegen die Verhältnisse, wenn man eine größere Zahl von Aufzeichnungen aus dem Schüttergebiet oder seiner Umgebung verwenden kann.

Außer der Herdentfernung kann der *Emergenzwinkel*[1] unmittelbar aus der Laufzeitkurve bestimmt werden. Hierunter versteht man den Winkel, den der auftauchende Stoßstrahl mit der Erdoberfläche bildet (*e* in Abb. 59, S. 94). Das Verfahren ist nicht schwierig, seine Ableitung verlangt aber schon einige mathematische Kenntnisse, und es ist daher nicht möglich, es im Rahmen dieser Darstellung zu entwickeln. Das gleiche gilt in noch höherem Maß von den sehr interessanten und geistvollen Methoden, nach denen man aus Herdentfernungen und Emergenzwinkeln nicht nur den ganzen *Verlauf der Erdbebenstrahlen* bestimmen kann, sondern auch die *Fortpflanzungsgeschwindigkeit in der Tiefe* erhält.

Diese exakten Verfahren lassen sich nur so weit anwenden, wie die Laufzeitkurven nicht unterbrochen sind, also nur bis zum Beginn der Schattenzone. Zur Bestimmung der Wege und Geschwindigkeiten im Erdkern ist man auf systematisches Probieren angewiesen. Hierbei versucht man zunächst, sich durch Abschätzung einen angenäherten Wert der Fortpflanzungsgeschwindigkeit zu verschaffen. Mit diesem Wert rechnet man theoretische Laufzeiten aus. Diese Laufzeiten stimmen im allgemeinen nicht gleich mit den beobachteten Laufzeiten überein. Die Abweichungen geben Hinweise für die Verbesserung der angenommenen Geschwindigkeiten, und mit den verbesserten Geschwindigkeiten werden neue Laufzeiten berechnet. Entspricht jetzt die Übereinstimmung immer noch nicht der Beobachtungsgenauigkeit, so muß man noch eine Verbesserung der angenommenen Geschwindigkeiten vornehmen und das Verfahren so lange wiederholen,

---

[1] emergere (lat.) = auftauchen.

bis man mit dem Ergebnis zufrieden sein kann. Da ausgeprägte Registrierungen sehr entfernter Beben selten sind, das Beobachtungsmaterial also spärlich und unsicherer ist als bei näheren Beben, muß man sich mit entsprechend geringerer Genauigkeit begnügen. Daher kommt es auch, daß die Fortpflanzungsgeschwindigkeit im Erdkern viel seltener zum Gegenstand nachprüfender Untersuchungen wird als die Geschwindigkeiten in den höheren Schichten des Erdkörpers.

Bereits mit ganz einfachen Rechenmethoden kann man eine Abschätzung der Fortpflanzungsgeschwindigkeiten vornehmen, die schon einen guten Eindruck von den Größenordnungen gibt. Hierzu nimmt man vereinfachend an, daß die Ausbreitung mit geradlinigen Stoßstrahlen vor sich geht. Herdentfernungen und zugehörige Laufzeiten sind gegeben. Die Längen der geradlinigen Stoßstrahlen und ihre größten Eintauchtiefen lassen sich leicht berechnen; man braucht nur die Tabellen der „Sehnen des Kreisbogens" und der „Höhen des Kreisbogens" in den Logarithmentafeln aufzuschlagen und die dort angegebenen Zahlenwertel mit dem Erdradius (6371 km) zu multiplizieren. Dividiert man nun die auf diese Weise berechneten Weglängen durch die entsprechenden Laufzeiten, so erhält man die mittleren Geschwindigkeiten auf den geradlinig angenommenen Bahnen. Als Beispiel wurde die Rechnung für die Verdichtungswelle durchgeführt.

Herdentfernung		Laufzeit	Auf geradem Wege		
			Weglänge	Größte Tiefe	Mittlere Geschwindigk.
km	Grad	sec	km	km	km/sec
2 000	18	257	1 993	78	7,8
4 000	36	442	3 937	312	8,9
6 000	54	572	5 785	694	10,1
8 000	72	688	7 490	1 217	10,9
10 000	90	795	9 010	1 866	11,3
12 000	108	888	10 308	2 626	11,6
14 000	126	1 154	11 353	3 479	9,8
16 000	144	1 185	12 118	4 402	10,2
18 000	162	1 214	12 585	5 375	10,4
20 000	180	1 120	12 742	6 371	10,4

Hätte die Fortpflanzungsgeschwindigkeit im ganzen Erdinnern überall den gleichen Betrag, so wäre dieses Verfahren exakt, und es müßten in der letzten Spalte überall dieselben mittleren Geschwindigkeiten stehen. Wie man sieht, ist das nicht der Fall. Zunächst wachsen die mittleren Geschwindigkeiten mit zunehmender Herdentfernung und Eintauchtiefe deutlich an, nehmen dann aber ziemlich plötzlich ab und steigen später noch ein wenig. Hieraus kann man schließen, daß sich die Fortpflanzungsgeschwindigkeiten mit zunehmender Tiefe ähnlich verhalten. Da bei Mittelbildungen manche Einzelheiten verwischt werden, ist sogar anzunehmen, daß Anstieg und Abfall der wirklichen Geschwindigkeiten noch ausgeprägter sind. Der starke Abfall ist in einer Tiefe von rund 3000 km zu erwarten.

Nach diesem Ergebnis können die Stoßbahnen keine geraden Linien, die Wellenflächen keine Kugeln sein, und man muß zur Bestimmung von Geschwindigkeit, Wellenflächen und Stoßbahnen die exakten Methoden heranziehen. Immerhin lohnt es sich, noch eine Abschätzung der wirklichen Geschwindigkeiten dadurch zu versuchen, daß man von den mittleren Geschwindigkeiten ausgeht und bei der Annahme geradliniger Stoßbahnen bleibt. Wie man aus der folgenden Gegenüberstellung sieht, ist das Ergebnis gar nicht einmal so schlecht.

Tiefe km	Fortpflanzungsgeschwindigkeit der Verdichtungswellen		
	Abschätzung km/sec	genauere Berechnung	
		Gutenberg 1930 km/sec	Witte 1932 km/sec
unter Erdkruste	$7^1/_2$	7	$7^1/_2$
500	$10^3/_4$	9	$9^1/_4$
1000	$11^3/_4$	$10^3/_4$	$11^1/_4$
1500	12	$12^1/_2$	$12^1/_4$
2000	$12^1/_4$	$13^1/_4$	$12^1/_2$
2500	$12^1/_4$	$13^1/_2$	$13^1/_4$
3000	8	$8^3/_4$	
3500	$9^3/_4$	9	
4000	10	$9^1/_2$	
4500	$10^1/_4$	$9^3/_4$	
5000	$10^1/_2$	10	
5500	$10^3/_4$	$10^1/_4$	
6000	11	$10^1/_2$	
Erdmittelpunkt	$11^1/_4$	11	

Die beiden letzten Spalten und Abb. 65 geben die Fortpflanzungsgeschwindigkeiten im Erdinnern nach zwei neueren

Berechnungen an, die mit den exakten Methoden ausgeführt wurden. *Gutenbergs* Kurve wird sehr häufig in der Literatur angeführt, die Kurve von *Witte* beruht auf neuerem Material. *Witte* verwendet nur die von *Jeffreys* aus Beobachtungen abgeleiteten Laufzeitkurven, während *Gutenberg* zur Feststellung von Einzelheiten auch Beobachtungen der Schwingungsweite heranzieht. Es ist möglich, daß die kleinen Spitzen der *Gutenberg*schen Kurve wirkliche Verhältnisse andeuten. Da sie aber bisher noch von keinem anderen Bearbeiter bestätigt wurden und vielfach die Ansicht vertreten wird, daß die Genauigkeit der Beobachtungen zur sicheren Festlegung solcher Feinheiten gar nicht ausreicht, müssen sie wohl mit etwas Kritik betrachtet werden. Ein Vergleich beider Ergebnisse läßt erkennen, daß die Größenordnung der Geschwindigkeiten und die Grundzüge ihrer Abhängigkeit von der Tiefe zweifellos erfaßt sind, im

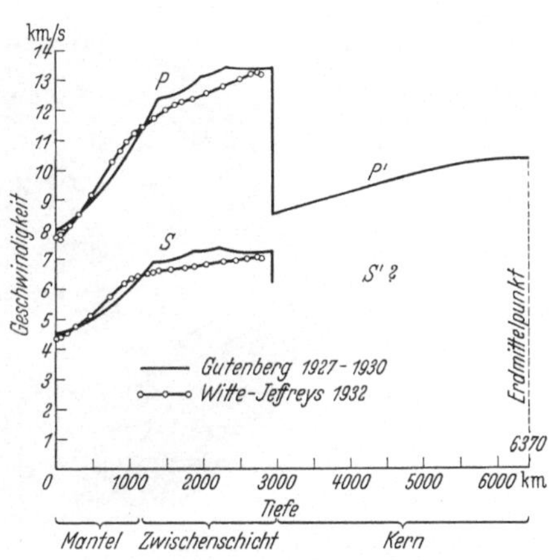

Abb. 65. Geschwindigkeit der Erdbebenwellen im Erdinnern.

einzelnen aber noch manche Unklarheit besteht. Zu demselben Schluß kommt man auch beim Vergleich mit etwas älteren, hier nicht wiedergegebenen Untersuchungen, und neuere Bearbeitungen haben im wesentlichen zu denselben Ergebnissen geführt.

Die Fortpflanzungsgeschwindigkeiten in der Tiefe weisen darauf hin, daß man das Erdinnere, von der Erdkruste abgesehen, in drei Hauptschichten einteilen kann. Man bezeichnet sie als *Mantel*, *Zwischenschicht* und *Kern* (Abb. 66). Der Mantel reicht bis in eine Tiefe von etwa 1200 km hinab, die Kerngrenze wird meist 2900 km tief angenommen. Nach *Witte* scheint auch die Möglichkeit zu bestehen, daß sie etwas höher, 2700 km tief, liegt. In Mantel und Zwischenschicht nehmen die Geschwindigkeiten beider Raumwellen mit der Tiefe zu. An der Kerngrenze nehmen sie plötzlich ab. Im Kern wächst die Geschwindigkeit der Verdichtungswellen mit der Annäherung an den Erdmittelpunkt noch etwas an.

Über die Fortpflanzungsgeschwindigkeit der Scherungswellen im Erdkern ist nichts Sicheres bekannt, denn man hat noch keine sicheren Einsätze von Scherungswellen gefunden, die den Kern durchlaufen haben. Man weiß nur, daß auch die Geschwindigkeit der Scherungswellen an der Kerngrenze plötzlich stark abnehmen

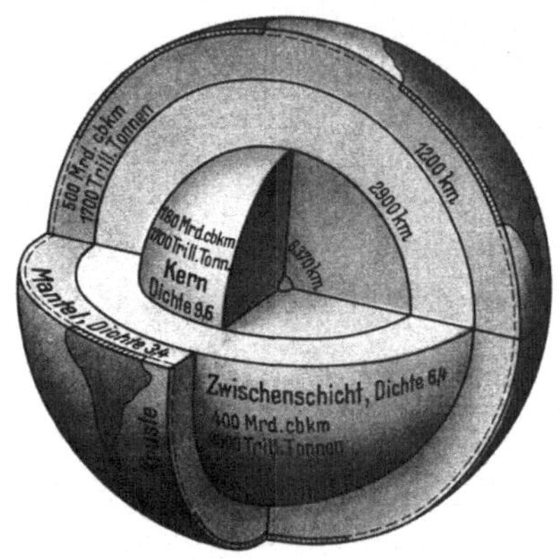

Abb. 66. Der Schalenaufbau des Erdkörpers. Schichtgrenzen aus Erdbebenmessungen, Dichte und Masse aus Schwerkraftmessungen bestimmt.

muß und die S'-Einsätze, wenn sie vorhanden sind, bereits im Bereich der langen Wellen liegen, überlagert von mehrfach reflektierten Wellen und späten Kernphasen. Meist ist man der Ansicht, daß der Erdkern die Scherungswellen gar nicht durchläßt. Einige Forscher jedoch haben Einsätze in den Seismogrammen gut aufgezeichneter Beben entdeckt, die vielleicht als S'_1- und S'_2-Wellen gedeutet werden können, und so muß man mit der Möglichkeit rechnen, daß auch Scherungswellen im Erdkern vorkommen können. Das Problem ist noch nicht gelöst.

Ganz sicher dringen die Scherungswellen bis zur Kerngrenze vor. Da Scherungswellen nur in festen Körpern möglich sind, kann man sagen, daß sich Mantel und Zwischenschicht bei der Ausbreitung von Erdbebenwellen wie feste Körper verhalten.

Daß sich das Material der Erde dagegen lang andauernden
Kräften gegenüber wie eine sehr zähe Flüssigkeit benimmt, wurde
in einem früheren Kapitel bei der Beschreibung des säkularflüssigen Zustandes bereits dargelegt (S. 54).

Aus den Fortpflanzungsgeschwindigkeiten kann man Weg und
Ausbreitung der Raumwellen in allen Einzelheiten berechnen.
Als Beispiel zeigt Abb. 67 an einem Schnitt durch die Erde, wie
der erste Bebenstoß, die Verdichtungswelle, von Minute zu

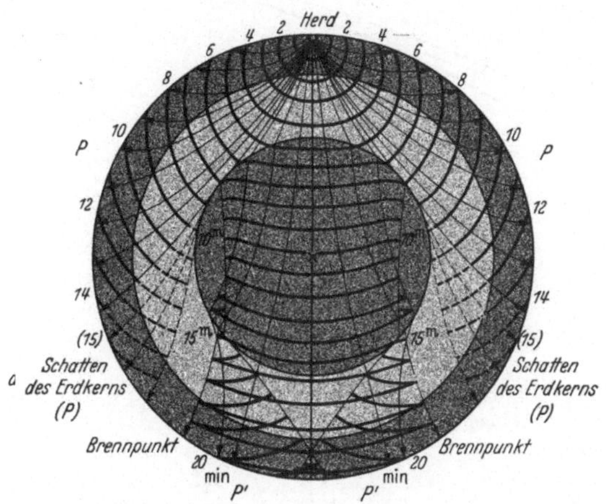

Abb. 67. Ausbreitung der Verdichtungswellen im Erdinnern. Lage der
Wellenfront von Minute zu Minute und Stoßstrahlen.

Minute im Erdinnern vordringt, vom Kern gesammelt wird, sich
in die beiden P'-Äste teilt, und wie Schatten und Brennpunkt
entstehen. Etwas später als 10 Minuten nach dem Ausgang im
Herd ist der Erdmittelpunkt erreicht, und in gut 20 Minuten ist
die ganze Erde durchdrungen. Außer der fortschreitenden
Wellenfront sind zahlreiche Stoßstrahlen eingetragen.

Um die schwachen Bewegungen zu erklären, die in den herdfernen Gebieten des Erdkern-Schattens beobachtet werden,
nimmt *Gutenberg* an, daß in einer Tiefe von 5100 Kilometern eine
Schichtgrenze liegt, die einen äußeren Kern von einem *inneren
Kern* scheidet. Wenn nun hier die Fortpflanzungsgeschwindigkeit
der Verdichtungswellen mit der Tiefe schnell zunimmt (Abb. 68),

so werden die Stoßstrahlen stark nach außen gekrümmt, und es
kommt eine Aufhellung des Schattens zustande (Abb. 69). Die
Hypothese vom zweiteiligen Kern muß noch anderweitig bestätigt
werden, ehe sie zu den sicheren Erkenntnissen gehört.

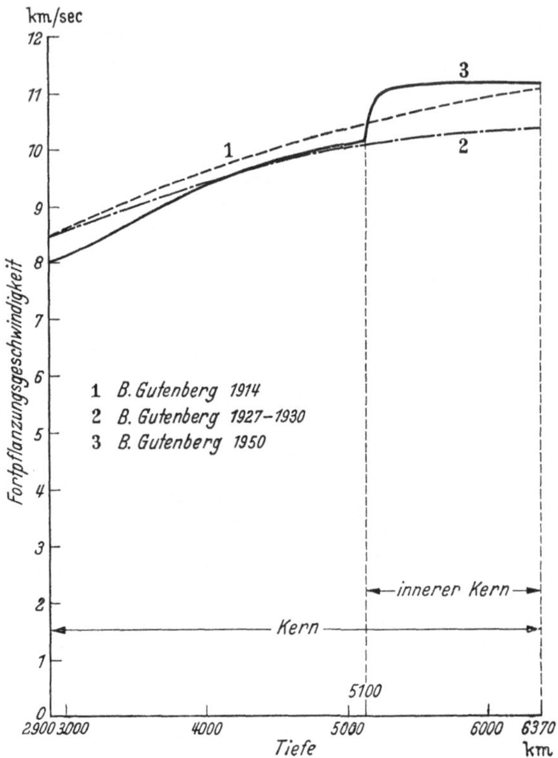

Abb. 68. Fortpflanzungsgeschwindigkeit der Verdichtungswellen im
Erdkern. Nach *B. Gutenberg*.

Nun sind noch einige Besonderheiten der *tiefen Erdbeben* zu
beschreiben. In ihren Aufzeichnungen (Abb. 56, S. 89) fällt als
erstes auf, daß die Oberflächenwellen ungewöhnlich schwach sind
oder fehlen. Das ist verständlich. Denn Oberflächenwellen
werden erregt, wenn Raumwellen aus der Tiefe an die Erdoberfläche gelangen. Die aus großer Tiefe eintreffenden Raumwellen
sind aber schon weitgehend ausgebreitet und dadurch geschwächt;

114

sie sind nicht mehr fähig, starke Oberflächenwellen zu erregen. Als zweites zeigt sich eine Verdoppelung oder Verdreifachung vieler Einsätze. Man hat diese Erscheinung als Folge herdnaher

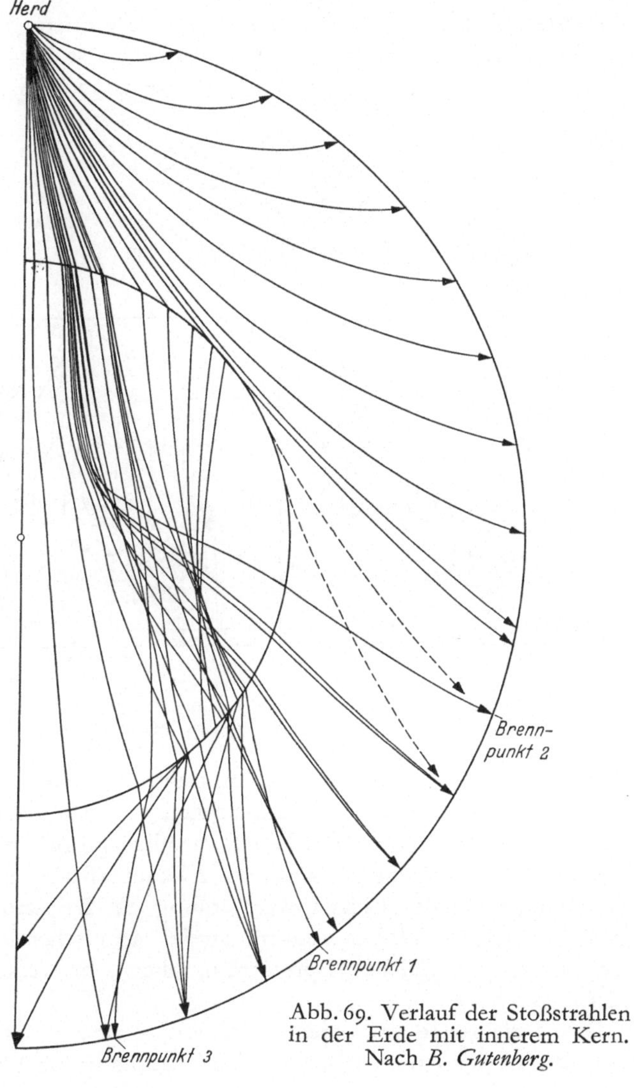

Abb. 69. Verlauf der Stoßstrahlen in der Erde mit innerem Kern. Nach *B. Gutenberg*.

8*

Reflexionen erkannt (Abb. 70), bei denen auch Wechselwellen auftreten können. In leicht verständlicher Weise werden sie mit aus kleinen und großen Buchstaben zusammengesetzten Symbolen wie pP und sP bezeichnet. Die Zeitunterschiede zusammengehörender Einsätze werden zur Bestimmung der Herdtiefe gebraucht.

Ein weiteres Kennzeichen für tiefe Erdbeben ist der Zeitunterschied zwischen P- und S-Einsatz im Epizentrum. Bei normalen

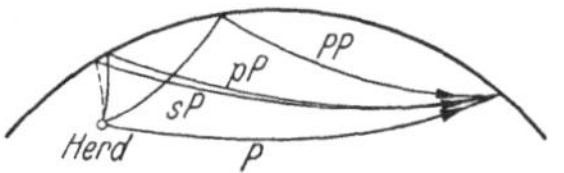

Abb. 70. Herdnahe Reflexionen bei tiefen Erdbeben.

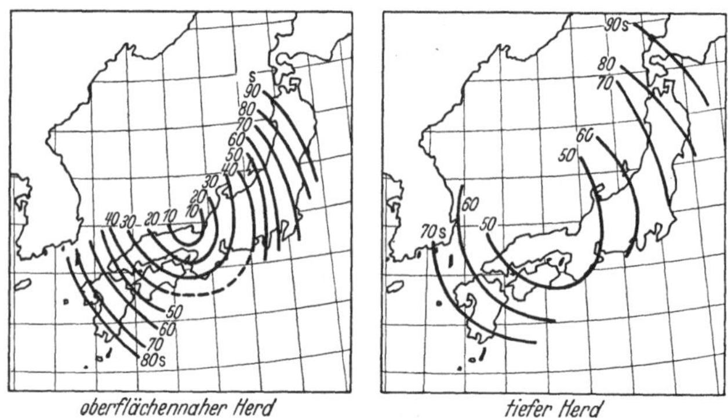

Abb. 71. Laufzeitunterschiede $S{-}P$ bei normalem und tiefem Beben mit gleichem Epizentrum (Japan). Nach *K. Wadati*.

Beben ist der S-P-Unterschied im Epizentrum klein und wächst mit der Herdentfernung ziemlich schnell an. Bei tiefen Beben jedoch ist er im Epizentrum bereits ziemlich groß, wie es dem langen Weg vom Hypozentrum bis zur Erdoberfläche entspricht, und nimmt mit der Epizentralentfernung nur langsam zu. In Abb. 71 sind die S-P-Unterschiede zweier japanischer Erdbeben dargestellt, die gleiches Epizentrum, aber sehr verschiedene Herdtiefen haben.

Die Verhältnisse im tiefen Erdinnern weichen so erheblich von den an der Erdoberfläche und im Laboratorium bekannten

Zuständen der Materie ab, daß es kaum möglich ist, sich eine Vorstellung von dem physikalischen Zustand des Erdinnern zu machen. Ein anschaulicher Vergleich läßt sich nicht durchführen. Man muß sich mit einer Anzahl von Zahlenangaben zufrieden geben.

Die wichtigsten physikalischen Zustandsgrößen sind Dichte, Druck und Temperatur. Die *Dichte* im Erdinnern kennt man verhältnismäßig gut. Die mittlere Dichte der ganzen Erde beträgt 5,5 g/cm³, die mittlere Dichte der Erdkruste 2,7. Für Mantel, Zwischenschicht und Kern hat man Dichten von 3,4, 6,4 und 9,6 g/cm³ berechnet. Diese Zahlen stimmen mit der bekannten Gesamtmasse der Erde überein, sie vertragen sich mit den zahlreichen Messungen des Schwerkraftfeldes und führen mit der bekannten Rotationsgeschwindigkeit der Erde auf den richtigen Wert der Abplattung. Es ist aber auch möglich, daß die Dichte im Mantel und in der Zwischenschicht mit der Tiefe stetig ansteigt und nur an der Kerngrenze auf einen größeren Wert springt. Unter dieser Voraussetzung halten sich die Ergebnisse in der Nähe folgender Zahlen: Mantel 3,3 bis 4,7, Zwischenschicht 4,7 bis 5,6, Kern 9,7 bis 12,2 g/cm³.

Aus der Dichte kann der *Druck* im Erdinnern berechnet werden, wenn man annimmt, daß der Druck in irgendeiner Tiefe gleich dem Gewicht der über diesem Niveau liegenden Masse ist. Dieser als *hydrostatisch*[1] bezeichnete Zustand dürfte wohl von der unteren Erdkrustengrenze an vorhanden sein. Man hat den Druck unter verschiedenen möglichen Annahmen der Dichteverteilung berechnet. Die Ergebnisse weichen nur wenig voneinander ab und zeigen übereinstimmend, daß der Druck mit Tiefe zunimmt, an der Kerngrenze etwa $1^1/_2$ Millionen Atmosphären und im Erdmittelpunkt etwa 3 Millionen Atmosphären beträgt. Die in Laboratorien hergestellten höchsten Drucke erreichen nur etwa $^1/_{100}$ dieses Betrages.

Am wenigsten weiß man von der *Temperatur*. In den obersten sechs Kilometern der Erdkruste nimmt sie mit der Tiefe zu, und zwar um 30° pro Kilometer, wenn man von einigen aus dem geologischen Aufbau erklärbaren Besonderheiten absieht. Würde diese Zunahme bis zum Erdmittelpunkt anhalten, so müßte dort

---

[1] hydor (griech.) == Wasser.

die Temperatur mehr als 180000° betragen. Eine einigermaßen verläßliche Abschätzung gibt es nicht und ist bei den heutigen Kenntnissen auch nicht möglich. Alle Berechnungen beruhen darauf, daß ein unter gewöhnlichen Zuständen zutreffendes physikalisches Gesetz auf die ganz anderen Zustände im tiefen Erdinnern angewandt wird, und es hängt das Ergebnis ganz davon ab, welchem Gesetz man am ehesten zutraut, daß es auch in der tiefen Erde Gültigkeit besitzt, und mit welchen Abänderungen man glaubt, den Zuständen der Tiefe gerecht werden zu können. Nach den meisten Abschätzungen hält die starke Temperaturzunahme nur in der Erdkruste an, so daß bis zur Kerngrenze höchstens etwa 10000° erreicht werden. Über die Temperatur im Erdmittelpunkt weiß man nichts. Nach *E. Wiechert* spricht man vielfach aus, daß sie auch dort noch keine 10000° beträgt. Diese Angabe kommt der verständlichen Abneigung gegen Annahme extremer Zustände entgegen. Sie verträgt sich auch gut mit einer Theorie der Planetenentstehung, nach der die Erde aus dem Material der Sonnenoberfläche hervorgegangen sein soll, dessen Temperatur aus Strahlungsmessungen zu etwa 6000° bestimmt ist. Da man aber erhebliche radioaktive Erwärmung im Erdinnern annehmen kann, ohne mit Beobachtungen in Konflikt zu geraten, und die Erdentstehung aus der Sonne durchaus nicht sicher ist, erscheint die Abschätzung von *Wiechert* nicht zuverlässiger als jede andere, die auf begründeten physikalischen Gesetzen beruht. Nach *A. Eucken* kann die Temperatur im Erdmittelpunkt nicht höher als die kritische Temperatur des Eisens sein, die ungefähr 9300° beträgt.

Die Fortpflanzungsgeschwindigkeit der Erdbebenwellen hängt von der Dichte und den elastischen Widerständen gegen Zusammenpressung und Formänderung ab (S. 97). Den Widerstand gegen elastische Formänderung nennt man auch *Starrheit*. Da man die Dichteverteilung in großen Zügen kennt und nur noch zwei Unbekannte in Gestalt der elastischen Widerstände bleiben, kann man diese aus den beiden Raumwellengeschwindigkeiten bestimmen. Im Kern allerdings, wo man die Geschwindigkeit der Scherungswellen nicht kennt, ist eine eindeutige Bestimmung der elastischen Widerstände nicht möglich. Die beiden Widerstände nehmen im Mantel und in der Zwischenschicht mit der

Tiefe zu, und nehmen wahrscheinlich an der Kerngrenze plötzlich ab. Es kann sein, daß der Widerstand gegen Formänderung im Kern verschwindend klein ist. In Übereinstimmung mit Beobachtungen der Polschwankung und mit den Gezeiten der festen Erde hat man festgestellt, daß die Erde als Ganzes den kurzperiodischen Kräften etwa so viel Starrheit entgegensetzt wie eine gleich große Kugel aus Stahl.

Über den *stofflichen Aufbau* des tiefen Erdinnern hat man nur Vermutungen; einigermaßen sichere Kenntnisse hat man nur von der Erdkruste. Sie enthält hauptsächlich kieselsaure Verbindungen (Silikate) der Leichtmetalle; in größeren Tiefen dürften auch die kieselsauren Verbindungen der Schwermetalle häufiger sein und im Mantel vorherrschen. Im Kern wird meist gediegenes Eisen mit Zusatz von gediegenem Nickel als Hauptbestandteil angenommen, so daß man geradezu von einem Eisen-Nickelkern spricht. Über die Zwischenschicht gehen die Ansichten auseinander. Teils nimmt man an, daß sie hauptsächlich Sauerstoffverbindungen (Oxyde) und Schwefelverbindungen (Sulfide) des Eisens und anderer Schwermetalle enthält, teils vermutet man kieselsaure Verbindungen der Eisenmetalle und eine mit der Tiefe zunehmende Beimengung von gediegenem Eisen. Die wichtigste Stütze für diese Vermutungen ist der Stoffbestand der Meteorite, den man als kennzeichnend für das Innere aller Planeten ansieht. Auch geochemische Untersuchungen und die Erfahrungen beim Erkalten der metallischen Hochofenschmelzen haben zum Aufbau dieses Bildes beigetragen.

Diese *Eisenkernhypothese* war lange Zeit allgemein anerkannt. Obwohl sie nicht in allen Einzelheiten befriedigt, halten viele Forscher an ihr fest, und es ist noch nicht gelungen, sie durch eine andere Theorie zu ersetzen, die allen Beobachtungen gerecht wird. Vor einem guten Jahrzehnt haben *Kuhn* und *Rittmann* darauf hingewiesen, daß sich die Schichtung der Eisenkernerde bei der großen Zähigkeit ihres Materials in den wenigen Milliarden Jahren, die man der Erde als Lebensalter zubilligt, kaum herausgebildet haben kann. Sie nehmen an, daß ausgeprägte Schichtungen nur in den äußeren Teilen des Erdkörpers zu finden sind, das tiefere Innere aber viel einheitlicher aufgebaut ist, als man bisher annahm. Es soll aus stark entgaster Sonnenmaterie bestehen, und zur Erklärung der Kerngrenze wird angenommen, daß die Zähigkeit des Materials in der betreffenden Tiefe besonders stark abnimmt, wenn man sich dem Erdmittelpunkt nähert. Theoretische Untersuchungen haben aber gezeigt, daß unter solchen Umständen viel Erdbebenenergie verschluckt wird, und es ist schwer verständlich, wie dann noch Erdbebenwellen beobachtet werden können, die diese Tiefen zweimal durchlaufen haben. Man wird also doch mit einer Materialgrenze, zum mindesten aber mit einer ausgeprägten Zustandsgrenze in der Tiefe von ungefähr 3000 Kilometern zu rechnen haben. Eine viel

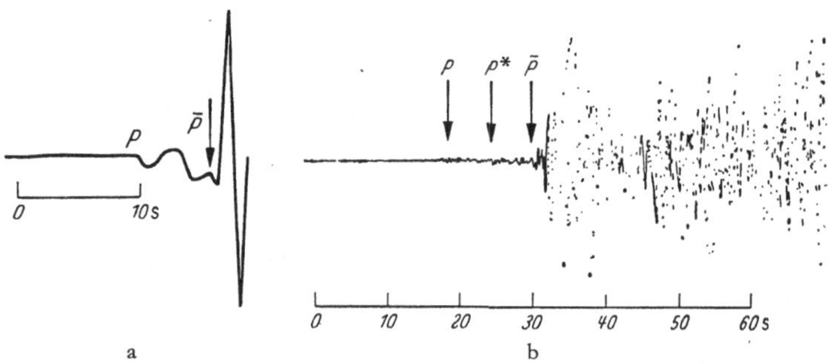

Abb. 72. Süddeutsches Beben vom 20. Juli 1913. Beginn der Aufzeichnung (vergrößert). a) Neuchâtel, Herdentfernung 225 km. b) Göttingen, Herdentfernung 365 km.

beachtete Hypothese von *Ramsey* nimmt solche Zustandsgrenzen in den Tiefen von 2900 und 5100 Kilometern an und sieht die Ursache in dem mit der Tiefe stark anwachsenden Druck.

Aufbau der Erdkruste nach Nahbeben und Großsprengungen

Bei den Aufzeichnungen stark vergrößernder Nahbebeninstrumente hat sich gezeigt, daß der P-Einsatz in Herdnähe nicht einheitlich ist (Abb. 72). Ähnliches hat man auch beim S-Einsatz festgestellt, nur sind hier die Ergebnisse infolge der Überlagerung durch abklingende P-Wellen nicht so genau. Man hat die am häufigsten auftretenden Einsätze mit $\bar{P}$, P^* und P_n bzw. $\bar{S}$, S^* und S_n bezeichnet[1] und festgestellt, daß nur P_n und S_n in die

---

[1] $n =$ „normal".

P- und S-Einsätze der Fernbeben übergehen, die anderen Einsätze aber nur bis zu bestimmten Herdentfernungen vorkommen. Die Laufzeiten dieser Einsätze sind in Abb. 73 nach Bearbeitungen der viel untersuchten süddeutschen Beben von 1911 und 1913 aufgezeichnet. Wie die Einsätze zu deuten sind, ist am Verlauf der Stoßstrahlen in Abb. 74 erklärt. Die Erdkruste setzt sich aus mehreren Schichten zusammen, und in jeder der Schichten pflanzt sich die Erdbebenbewegung mit einer anderen Geschwindigkeit fort. Die $\overline{P}$-Bewegung breitet sich in der obersten Schicht aus, ihre Stoßstrahlen können hier mit großer Annäherung als gerade Linien dargestellt werden. Aus rein geometrischen Gründen, wegen der Krümmung der Erdoberfläche und der Schichtgrenzen, kann die

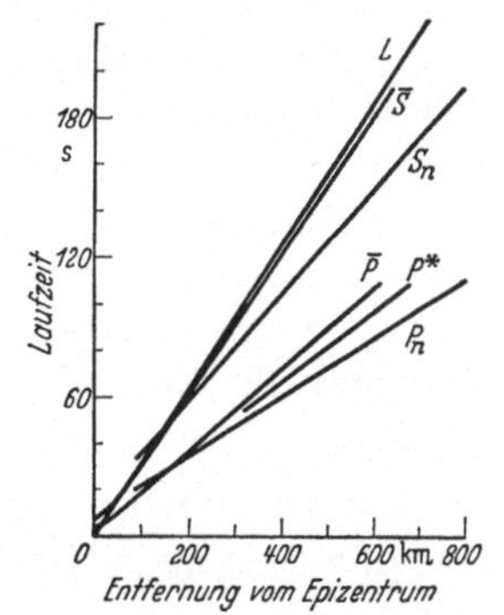

Abb. 73. Laufzeitkurven von Nahbeben. Süddeutsche Beben vom 16. November 1911 und 20. Juli 1913.

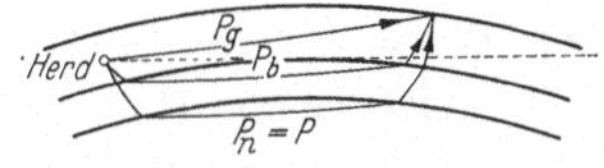

Abb. 74. Weg der P-Wellen in der geschichteten Erdkruste bei Nahbeben. P_g und P_b neuere, oft gebrauchte Bezeichnungen für $\overline{P}$ und $P*$.

$\overline{P}$-Bewegung nicht tiefer eindringen, als bis ihr Stoßstrahl die untere Grenze der Oberschicht berührt. Wo dieser Stoßstrahl die Erdoberfläche wieder erreicht, hört die $\overline{P}$-Bewegung auf. Steile Stoßstrahlen steigen zur Schichtgrenze hinab. Hier werden sie beim Durchgang nach oben gebrochen; denn die Geschwindigkeit in der tieferen Schicht ist größer als in der Oberschicht. Wo die Stoßstrahlen die Schichtgrenze wieder erreichen, tritt eine zweite, zur ersten symmetrische Brechung auf, die Stoßstrahlen dringen wieder in die Oberschicht ein und rufen an der Erdoberfläche den mit $P*$ bezeichneten Einsatz hervor. Die $P*$-Bewegung findet ähnliche geometrische Grenzen wie $\overline{P}$. Erst die unter der Erdkruste durchlaufende P_n-Bewegung bleibt bis in größere Herdentfernungen ungestört. Ihre Unregelmäßigkeiten beginnen erst an der Kerngrenze. Gleiche Erscheinungen treten bei den Scherungswellen auf.

Es besteht noch die Möglichkeit zu weiteren Aufspaltungen der Raumwellen in der Erdkruste durch Reflexionen an den Schichtgrenzen und Bildung von Wechselwellen. Diese Fälle sind sehr verwickelt und noch nicht abschließend untersucht. Es soll daher bei der kurzen Erwähnung bleiben.

Die Laufzeitkurven der $\overline{P}$- und $\overline{S}$-Bewegung sind nur dann gerade Linien und gehen nur dann durch den Nullpunkt des Achsensystems, wenn der Herd an der Erdoberfläche liegt, denn nur dann entspricht der Herdentfernung (Epizentralentfernung) Null auch die Laufzeit Null. Liegt der Herd in der Tiefe, so sind die Laufzeitkurven hyperbelartig gekrümmt und schneiden die Laufzeitachse in einem Punkt, der die Zeit angibt, in der die Bewegung vom Hypozentrum zum Epizentrum gelangt. Diese Krümmung der Laufzeitkurven ist in Abb. 73 gut zu erkennen und noch deutlicher in Abb. 59 (S. 94) dargestellt. Sie kann zur Bestimmung der Herdtiefe verwendet werden.

Die Einsätze von $\overline{P}$ und P_n treten im allgemeinen nicht gleichzeitig auf. In Herdnähe kommt $\overline{P}$ zuerst an wegen des kürzeren Weges, in größerer Entfernung ist P_n früher als $\overline{P}$ wegen der größeren Geschwindigkeit in der Tiefe. Dazwischen liegt eine bestimmte Herdentfernung, in der die Einsätze von $\overline{P}$ und P_n gleichzeitig ankommen, die Laufzeitkurven sich schneiden. Ähnlich fügt sich die $P*$-Kurve zwischen die Kurven der $\overline{P}$- und P_n-Bewegungen ein. Welche dieser Kurven sie in welcher Herdentfernung schneidet, hängt von den Fortpflanzungsgeschwindigkeiten, der Herdtiefe und den Grenzflächentiefen ab. Die Fortpflanzungsgeschwindigkeit in den einzelnen Schichten kann unmittelbar aus den Neigungen der Laufzeitkurve im herdferneren Teil abgelesen werden, und die Herdentfernungen der Schnittpunkte sind in hervorragender Weise zur Bestimmung der Schichtgrenzentiefen geeignet. Gleiches gilt für die Laufzeiten von $\overline{S}$, $S*$, S_n.

Aus den Fortpflanzungsgeschwindigkeiten in den verschiedenen Schichten kann man die Gesteinsarten ermitteln, aus denen die Schichten aufgebaut sind. Die Erfahrung hat gezeigt, daß die

Fortpflanzungsgeschwindigkeiten der $\overline{P}$- und $\overline{S}$-Bewegungen in granitartigen und die Geschwindigkeiten der $P*$- und $S*$-Bewegungen in basaltartigen Gesteinen vorkommen. Es dürfte sich also um Schichten mit granitartigen und gabbroartigen[1] Tiefengesteinen handeln. Es ist auch denkbar, daß die $\overline{P}$-$\overline{S}$-Schicht aus kristallinen Schiefern zusammengesetzt ist, denn in kristallinen Schiefern sind die Fortpflanzungsgeschwindigkeiten ebenso groß wie im Granit. Die Geschwindigkeiten der P_n- und S_n-Bewegungen kommen in ultrabasischen Gesteinen vor, als ihr Vertreter wird oft der Peridotit genannt. Die sehr wechselvoll gestaltete Decke der Schichtgesteine pflegt man bei diesen oft recht schematischen Untersuchungen meist zu vernachlässigen.

Der Begriff der *Erdkruste* ist in den verschiedenen Wissenschaftszweigen nicht einheitlich definiert. In der Erdbebenkunde empfiehlt es sich, die Decke der Sedimente (Schichtgesteine), die granitartige und die gabbroartige Schicht zur Erdkruste zu rechnen, das peridotitartige Material zum oberen Mantel. Die Grenzfläche zwischen Erdkruste und Mantel wird nach ihrem Entdecker *Mohorovičić-Fläche* genannt.

Die Tiefe der Grenzflächen läßt sich nur dann mit einiger Sicherheit ermitteln, wenn man die Herdtiefen der bearbeiteten Erdbeben genau genug kennt. Nun erfordert die Herdtiefenbestimmung ein enges Netz von Erdbebenwarten in der Nähe des Herdgebietes, wie es nur in wenigen Ländern zur Verfügung steht. Dies bedeutet eine kaum zu überwindende Einschränkung der Nahbebenforschung.

Man ist von dieser Schwierigkeit frei, wenn man *große Sprengungen* ausführt und seismisch beobachtet. Hier kennt man Lage und Tiefe des Herdes und die Zeit der Sprengung genau, auch kann man transportable Seismographen so anordnen, wie es die wissenschaftliche Fragestellung erfordert. Schon aus Steinbruchsprengungen hat *Wiechert* mit seinen Mitarbeitern wichtige Schlüsse über den Aufbau der oberen Erdkruste gezogen; wesentlich tiefer aber ist man bei den Großsprengungen von Helgoland (18. 4. 1947, 4000 Tonnen Sprengmaterial) und Haslach (28. 4. 1948, 73 Tonnen; 29. 4. 1948, 11 Tonnen) vorgedrungen. Bei der Helgoland-

---

[1] Gabbro ist das dem Ergußgestein Basalt entsprechende Tiefengestein mit gleicher Zusammensetzung.

Tiefe in km	Nahbeben						
	Kalifornien	England	Norddeutschland	Süddeutschland		Umgebung von Wien	Tauern
	5,6 3,2	5,4 3,3	5,6 3,5	5,6 3,2	5,6 3,3	5,6 *	5,5 *
		6,3 3,7					
	6,1 3,4						
			6,4 3,9		6,9 4,0		
	6,8 3,7						
	7,6 4,2	7,8 4,4		6,2 ?			
	7,9 4,4		7,6 5,0				
						6,5 *	6,2 *
			8,2 4,4	8,0 4,7		8,1 *	7,8 *

Die Schichtung der Erdkruste, von verschiedenen Bearbeitern aus Nahbeben und Sprengungen ermittelt.
Zusammengestellt nach *G. A. Schulze*, *O. Förtsch* und *H. Reich*.
Obere Zahlen: Fortpflanzungsgeschwindigkeit der Verdichtungswellen in km/sec.
Untere Zahlen: Fortpflanzungsgeschwindigkeit der Scherungswellen in km/sec.

Sprengung konnte ein Profil vom Herd bis Göttingen und bei den Sprengungen von Haslach ein Profil vom mittleren Schwarzwald bis zum Alpenrand bei Füssen ausgewertet werden. Bei Steinbruchsprengungen in der Nähe von Blaubeuren (4. 3. und 10. 5. 1952,

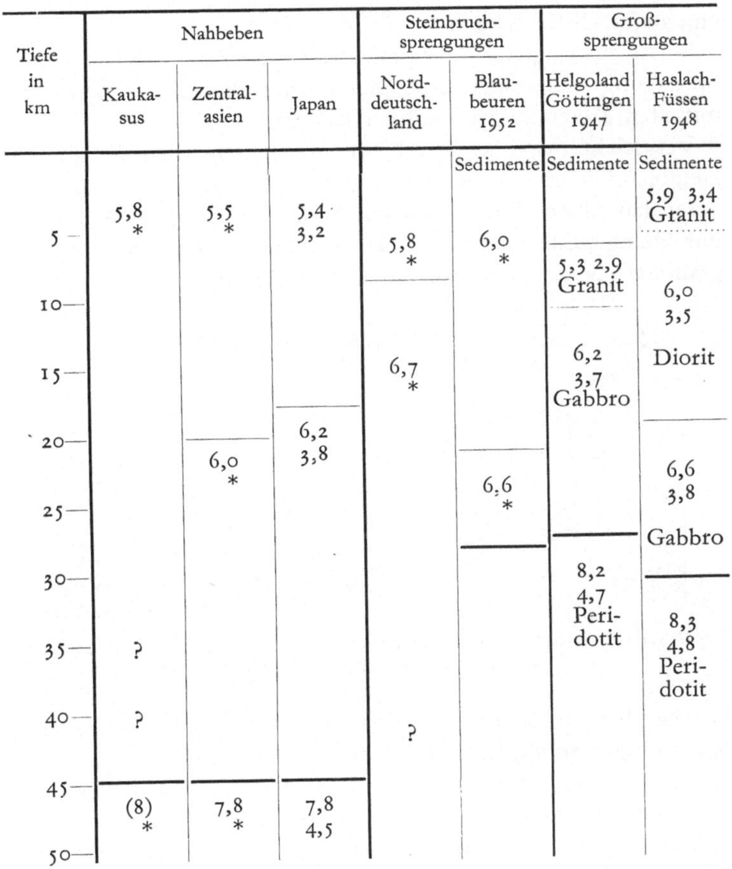

Tiefe in km	Nahbeben Kaukasus	Zentralasien	Japan	Norddeutschland	Blaubeuren 1952	Helgoland Göttingen 1947	Haslach-Füssen 1948
					Sedimente	Sedimente	Sedimente
5	5,8 *	5,5 *	5,4 3,2	5,8 *	6,0 *		5,9 3,4 Granit
						5,3 2,9 Granit	
10							6,0 3,5
15			6,7 *			6,2 3,7 Gabbro	Diorit
20		6,0 *	6,2 3,8				
25					6,6 *		6,6 3,8 Gabbro
30						8,2 4,7 Peridotit	
35	?						8,3 4,8 Peridotit
40	?			?			
45	(8) *	7,8 *	7,8 4,5				
50							

3 bis 4 Tonnen) konnten Bodenbewegungen nachgewiesen werden, die an der Mohorovičič-Fläche gespiegelt wurden. Die Tiefenbestimmungen aus diesen Sprengungen schließen sich gut den
Ergebnissen von Helgoland und Haslach an. Die Ergebnisse der
Nahbebenauswertungen und Sprengungen sind in obenstehender
Tabelle zusammengestellt. Sie gibt eine Übersicht über die Fortpflanzungsgeschwindigkeiten der Verdichtungs- und Scherungswellen und die Tiefe der Grenzflächen. Die aus Sprengungen
ermittelten Tiefen dürften bis auf wenige Kilometer sicher sein, die
anderen Tiefenangaben können Fehler bis zu etwa 10 Kilometern

enthalten. Überraschend ist die gute Übereinstimmung der Ergebnisse aus England-Beben mit den Ergebnissen der Helgoland-Sprengung. Im allgemeinen aber dürften die aus Nahbeben ermittelten Tiefen zu groß ausgefallen sein.

Vergleicht man das Profil von Haslach mit dem Profil von Helgoland, so findet man wichtige Hinweise auf die Verhältnisse unter den Alpen. Die Mohorovičic-Fläche ist bis zum Alpenrand nur wenig gestört, dagegen fällt die Grenzfläche zwischen der granitartigen und der gabbroartigen Schicht zum Hochgebirge

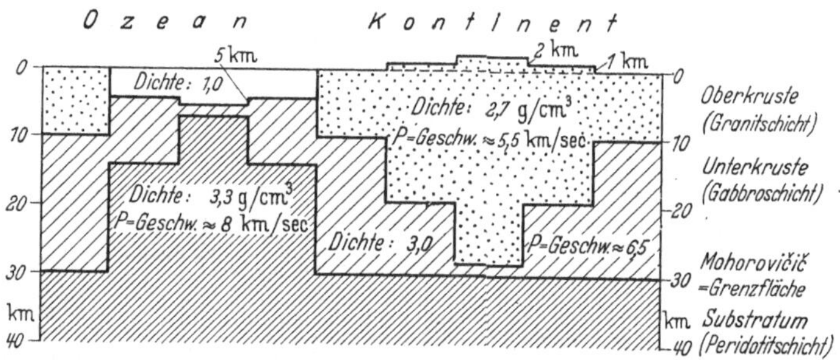

Abb. 75. Erdkrustenschema nach den Ergebnissen der Erdbebenforschung und Schwerkraftmessungen. Nach *H. Reich.*

hin merklich ab. Sollten sich diese Beobachtungen nach weiteren Sprengungen als allgemeingültig erweisen, so ergibt sich ein Erdkrustenschema, wie es Abb. 75 zeigt. Es gibt den Aufbau der Erdkruste in groben Zügen wieder. Abgesehen davon, daß der vielseitige Aufbau der obersten Schichten nicht berücksichtigt ist, fragt es sich, ob man an der Vorstellung der ganz ungestörten Mohorovičič-Fläche festhalten soll. Nahbebenauswertungen italienischer Forscher deuten an, daß auch diese Fläche unter den Zentralalpen abgesenkt ist. Das Schema entspricht den Ergebnissen von Schwerkraftmessungen, nach denen, wenn man von besonders gestörten Gebieten absieht, die Schwerkraft so gleichmäßig verteilt ist, daß man eine Art Schwimmgleichgewicht der Erdkruste annimmt, bei dem die sichtbaren Massenüberschüsse der Kontinente von besonders mächtigen, in der Tiefe verborgenen, verhältnismäßig lockeren Massen unterlagert sind und umgekehrt unter den Ozeanbecken besonders dichtes Material zu finden ist. Diesen weit verbreiteten Gleichgewichtszustand nennt man *Isostasie*[1]. Beträchtliche Abweichungen vom isostatischen Aufbau zeigen die langgestreckten Streifen besonders kleiner Schwerkraft an (Abb. 34 und 35, S. 64), deren auffallendster von *Vening Meinesz* gefunden wurde und die Sunda-Inseln in weitem Bogen umrandet. Hier müssen mächtige Schichten des verhältnismäßig lockeren Erdkrustenmaterials in die Tiefe hinabgesenkt sein. Die große Zahl der Erdbeben zeigt überzeugend an, daß es sich um weit erstreckte Störungszonen der Erdkruste handelt. Vielleicht sind hier neue Gebirge im Entstehen.

Über den Aufbau der Erdkruste unter den Ozeanen ist noch wenig Sicheres bekannt. Unter dem inneren, von tiefen Erdbebenherden umrandeten Teil des Stillen Ozeans sind die Fortpflanzungsgeschwindigkeiten größer als in gleichen Tiefen unter den Kontinenten. Es ist möglich, daß dort das peridotitartige Material bis dicht unter den Ozeanboden heraufgekommen ist und die Mohorovičić-Fläche fehlt. Der äußere westliche Teil des Stillen Ozeans und große Gebiete im Indischen Ozean scheinen ähnlich wie die Kontinente aufgebaut zu sein, mit dem Unterschied, daß unter diesen Ozeanen die Erdkruste wesentlich dünner anzunehmen ist. Bisher nahm man an, daß sich die Erdkruste unter dem Atlantischen Ozean ebenso verhält. Nach neueren Untersuchungen von *J. Rothé* jedoch muß man mit einer Zweiteilung des Atlantischen Ozeans rechnen, wobei der östliche Teil mit der atlantischen Schwelle kontinentartigen Charakter hat, der westliche Teil wie der innere Stille Ozean aufgebaut ist.

Die Bodenunruhe

Die nicht von Erdbeben oder erdbebenartigen Erscheinungen hervorgerufene *Bodenunruhe* wird im allgemeinen als Störung der Erdbebenaufzeichnungen aufgefaßt. Daher ist es üblich, die Sockel der Erdbebeninstrumente möglichst auf festen Fels zu gründen, denn der Felsuntergrund zeigt erfahrungsgemäß nur geringe Bodenunruhe. In den Aufzeichnungen der auf Sandboden errichteten Erdbebenwarten kann die Bodenunruhe mit beträchtlichen Schwingungen hervortreten.

---

[1] Iso . . . (griech.) = gleich, status (lat.) = Stand, Stellung.

Jede nicht erdbebenartige Erschütterungsquelle ruft Bodenunruhe hervor. Man kann also sehr verschiedene Ursachen der Bodenunruhe unterscheiden. Es gibt natürliche Ursachen der Bodenunruhe, hauptsächlich meteorologische Vorgänge wie die Reibung des Windes am Erdboden, der Anprall des Windes an Bäumen, Dämmen und Wänden, der Aufschlag dicker Regentropfen und Hagelkörner, schnelle Luftdruckschwankungen und

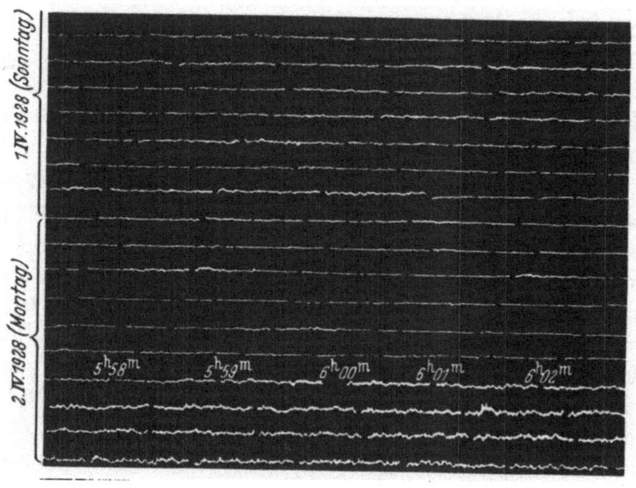

Abb. 76. Arbeitsunruhe in Potsdam. Beginnt Montagmorgen zwischen 5 Uhr 59 Minuten und 6 Uhr (Weltzeit). Rußregistrierung des WiechertHorizontalseismographen.

die plötzliche Ausdehnung des in den Bodenkapillaren eingeschlossenen Wassers beim Gefrieren. Mit meteorologischen Vorgängen im Zusammenhang stehen als wichtige Quellen der Bodenunruhe die Küstenbrandung und die wechselnde Belastung des Meeresbodens durch vorüberziehende Meereswellen. Künstliche Ursachen der Bodenunruhe sind alle Erschütterungen der Industrie und des Verkehrs.

Die Bodenunruhe von natürlichen Ursachen hat verhältnismäßig lange Schwingungsdauern, meist kommen Perioden von einigen Sekunden vor. Hierin drückt sich wahrscheinlich auch die Eigenperiode der tragenden Gesteinsschicht aus. Die künstliche Bodenunruhe bleibt fast immer auf die Nähe der Erschütterungs-

128

quelle beschränkt, ihre Perioden sind sehr klein. Infolge der kurzen Perioden ist die Verkehrsunruhe so unangenehm fühlbar, auch wenn sie sehr kleine Schwingungsweiten hat (S. 38/39, Abb. 15).

Die Verkehrs- und Arbeitsunruhe ist in den Seismogrammen oft sehr gut zu erkennen, wenn man die Aufzeichnungen von Arbeitstagen und Feiertagen mit schwacher natürlicher Bodenunruhe miteinander vergleicht. Die Arbeitsunruhe bildet sich in den Aufzeichnungen nicht in Form von Schwingungen ab, sondern als Strichverdickung, denn die kurzen Schwingungen werden bei der ziemlich langsamen Drehgeschwindigkeit der Registrierwalze nicht aufgelöst. Am eindrucksvollsten zeigt sich die Arbeitsunruhe am Montagmorgen. In Abbildung 76 ist zu sehen, wie sie innerhalb einer Minute beginnt, angeregt durch eine zu dieser Zeit anlaufende Maschine.

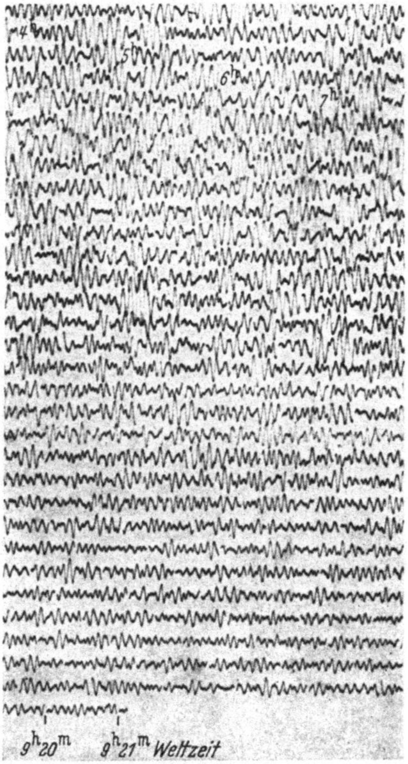

Sehr auffällig, besonders in den Wintermonaten, tritt eine Form der Bodenunruhe auf, die aus ziemlich regelmäßigen, an- und abschwellenden Schwingungen besteht (Abb. 77). Sie kann tagelang anhalten. *E. Wiechert* hat sie als Folge der Steilküstenbrandung gedeutet, und es ist zweifellos auf einigen norddeutschen Stationen ein enger Zusammenhang mit der norwegischen Küstenbrandung vorhanden, während der Einfluß der viel näheren

Abb. 77. Brandungsunruhe in Potsdam. Aufgezeichnet vom elektromagnetischen Galitzin-Wilip-Seismographen.

Flachküstenbrandung an den deutschen Küsten erheblich geringer ist. Der Zusammenhang ist nicht ganz eindeutig, denn es tritt bisweilen auch stärkere Bodenunruhe auf, wenn die Brandung an der norwegischen Küste schwach ist. Dann kann die Brandung an anderen Steilküsten wirksam sein. In manchen Gebieten hat man beobachtet, daß die Bodenunruhe nachläßt, wenn ein Sturmzentrum vom Ozean auf das Festland übertritt. Schnelle Luftdruckschwankungen oder Windimpulse scheinen sich besonders gut mit Vermittlung des Meerwassers auf den Ozeanboden zu übertragen. Verschiedentlich ist es gelungen, den Weg tropischer Wirbelstürme durch Beobachtung der Bodenunruhe zu verfolgen und rechtzeitig Sturmwarnungen herauszugeben. Zur endgültigen Aufklärung dieser Zusammenhänge sind umfangreiche statistische Untersuchungen nötig. Solche Arbeiten sind sehr mühsam und versprechen erst nach mancher vergeblichen Anstrengung einen späten Erfolg.

Anwendungen der Erdbebenkunde
Seismische Aufschlußmethoden

Unter *seismischen Aufschlußmethoden* versteht man die vielseitigen Verfahren zur Untersuchung der geologisch und bergmännisch wichtigen obersten Erdschichten mit künstlich erzeugten Erdbebenwellen. Diese *angewandte Seismik* ist aus der Nahbebenforschung hervorgegangen und hat sich schnell zu einem wissenschaftlich und wirtschaftlich wichtigen Zweig der Untergrundforschung entwickelt, nachdem *L. Mintrop*, ein Schüler *Wiecherts*, vor mehr als 30 Jahren die aus der seismischen Wissenschaft bekannten Laufzeitverfahren auf den kleinen Maßstab der Sprengseismik übertrug. Die methodische und instrumentelle Entwicklung ist noch nicht abgeschlossen, und ihr wirtschaftlicher Nutzen beginnt sich in noch nicht abzusehender Weise zu offenbaren, seitdem man von verstreuten und gelegentlichen Einzeluntersuchungen zur programmäßigen seismischen Erforschung ganzer Länder übergegangen ist. Gute Erfolge hat auch die deutsche *geophysikalische Reichsaufnahme* aufzuweisen, die unter Leitung der Preußischen Geologischen Landesanstalt im Jahre 1934 begann und den Untergrund Deutschlands mit allen physikalischen Methoden nach Bodenschätzen untersuchte.

In der Praxis verwendet man vorzugsweise die Laufzeit der Verdichtungswellen, ihrer Aufspaltungen und ihrer Reflexionen. Später eintreffende Einsätze, auch die der Scherungswellen, sind nur in Ausnahmefällen so scharf ausgeprägt, daß sie mit Vorteil zur Bestimmung der Untergrundschichtung herangezogen werden können. Eine besondere Rolle spielt noch der von der Luft getragene Explosionsschall: aus seiner Laufzeit können die Herdentfernungen bestimmt werden, wenn man durch Messung der meteorologischen Elemente dafür sorgt, daß eine ausreichend genaue Berechnung der Schallgeschwindigkeit möglich ist. In Urwald, Sumpf und anderem unwegsamem Gelände ist dieses Verfahren sehr nützlich.

Die Instrumente für seismische Feldarbeit sollen transportierbar, handlich, einfach zu bedienen, robust und allen Zufällen eines rauhen Feldbetriebes gewachsen sein. Sie sollen die wichtigen Einsätze möglichst scharf mit starker Vergrößerung wiedergeben; auf Verzerrungsfreiheit der Aufzeichnung wird meist geringer Wert gelegt. Im Prinzip weichen diese Apparate nicht wesentlich von den Instrumenten der wissenschaftlichen Erdbebenforschung ab. Im allgemeinen sind sie einfacher gebaut; denn die künstlichen Erdbebenwellen haben kurze Schwingungsdauern, und es sind daher die langen Eigenperioden der Stationsinstrumente nicht nötig. Auf Dämpfung kann man vielfach verzichten. Notwendig ist aber eine genaue Zeitmarkierung, mit der man Zeitunterschiede von Tausendstelsekunden erfassen kann, und eine Vorrichtung zur Aufzeichnung des Sprengmomentes. Die einfachste Zeitmarkierung besteht in einem Lichtstrahl, der in das photographische Aufnahmegerät fällt und von einer Zinke einer Stimmgabel rhythmisch abgedeckt und freigegeben wird. Man kann auch die ganze Stimmgabelschwingung aufzeichnen, oder ein Leuchtrohr mit einer Stimmgabel steuern, so daß es in gleichen Zeitabständen regelmäßig aufleuchtet und quer über den Registrierfilm gleichabständige Zeitmarken gibt. Zur Übertragung des Sprengmomentes kann man den Draht eines elektrischen Stromkreises durch die Sprengmasse legen, den stromdurchflossenen Kreis bei der Sprengung zerreißen und diesen Vorgang mittels eines Elektromagneten, eines Ankers und einer optischen Registriereinrichtung auf das Seismogramm übertragen. Hierbei

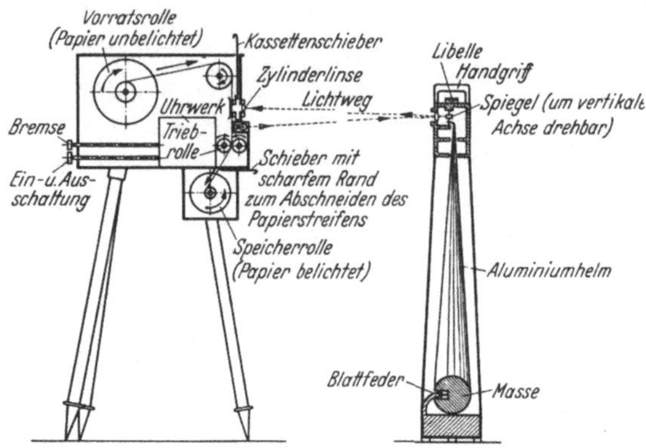

Abb. 78. Transportabler Vertikalseismograph von *L. Mintrop* und Schema eines Registrierapparats.

Abb. 79. Mintrop-Seismograph im Zelt. 1. Registrierapparat 2. Vorrichtung zur photographischen Aufzeichnung des Sprengmoments (Oszillograph). 3. Schallempfänger (zur Messung des Sprengpunktabstandes). 4. Transportabler Seismograph von *Mintrop*. 5. Empfänger für die funkentelegraphische Übertragung des Sprengmomentes (und Verständigung mit Schießmeister am Sprengort). 6. Stromquelle für Registrierlampen und Empfänger (Seismos G.m.b.H., Hannover).

ist aber die Notwendigkeit langer Drahtleitungen zwischen dem Sprengort und den Stationen sehr unbequem. Diesen Nachteil vermeidet die moderne funkentelegraphische Übertragung des Sprengmoments.

Der transportable Seismograph von *Mintrop* (Abb. 78) ist eines der ersten und wohl das bekannteste Instrument dieser Art.

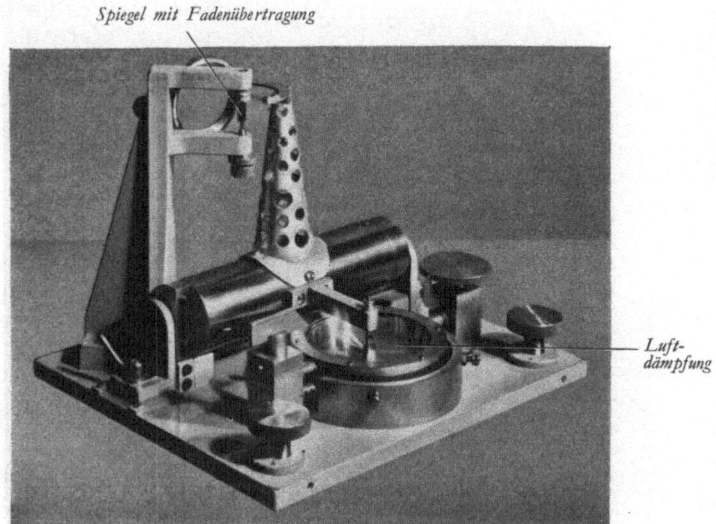

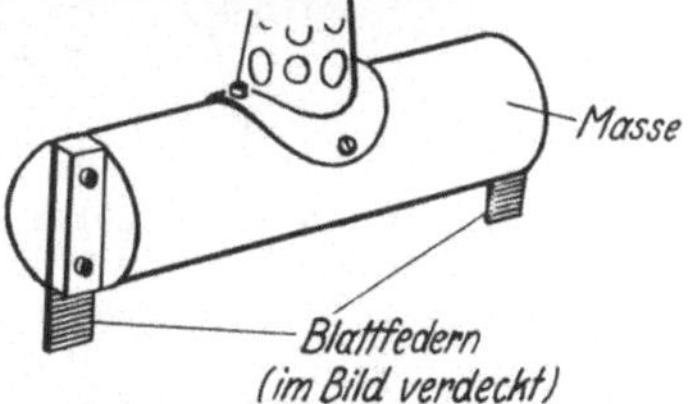

Abb. 80. Horizontal-Erschütterungsmesser von *R. Köhler*. Gebaut in der Erdbebenwarte der Westfälischen Berggewerkschaftskasse, Bochum.

Es ist in der Entwicklungszeit der angewandten Seismik das Vorbild vieler Apparatkonstruktionen gewesen. Die starke mechanisch-optische Vergrößerung wird mit dem sehr leicht gebauten kegelförmigen Hebel und dem Spiegel erreicht. Das Schema eines Registrierapparates ist der besseren Übersichtlichkeit wegen stark vereinfacht dargestellt, Stimmgabel und Sprengzeitmarkierung sind weggelassen.

Bei den Feldarbeiten werden diese Instrumente zum Schutz gegen Wind und Sonne in Zelten aufgebaut, der lichtdichte Stoff sorgt gleichzeitig für die bei optischen Registrierungen nötige Dunkelheit. Abb. 79 zeigt die Aufstellung eines Seismographen von *Mintrop* und seiner Nebenapparate im Zelt.

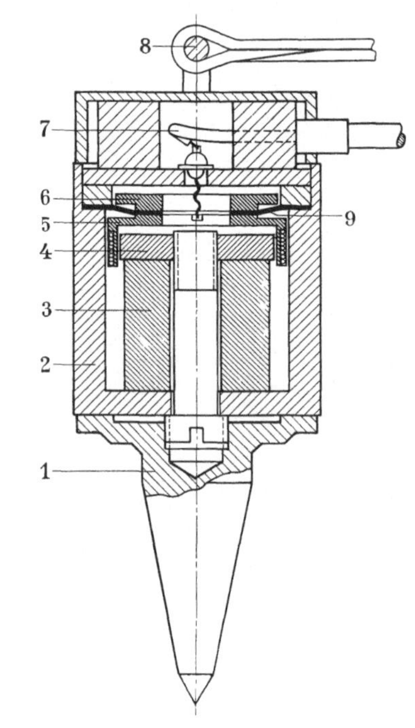

Abb. 81. Schema eines elektromagnetischen Geophons (Prakla G.m.b.H., Hannover). 1 Fuß, 2 Gehäuse, 3 Dauermagnet, 4 Polkern, 5 Spulenkörper mit Wicklung, 6 seismische Masse, 7 Kabelherausführung, 8 Tragbügel, 9 Membranfeder.

Ein neueres Instrument, gleichfalls mit optischer Übertragung, zeigt Abb. 80. Es wird auf einem Schütteltisch geprüft und ist zur Untersuchung der wahren Bodenbewegung geeignet. An seiner Entwicklung waren auch das Geodätische Institut in Potsdam und das geophysikalische Institut der Universität Göttingen beteiligt.

In der industriellen Praxis haben sich handliche Apparate, die man *Geophone* nennt, besonders bewährt. Das Prinzip einer Sorte von Geophonen ist in Abb. 81 erläutert.

Bei der Sprengung kommt es darauf an, mit möglichst wenig Aufwand an Sprengmitteln und möglichst geringem Flurschaden eine hinreichend starke Bodenbewegung zu erzeugen. Dies gelingt am besten, wenn man die Ladung eingräbt und verdämmt. Liegt der Sprengherd in einer stark aufgelockerten Verwitterungsdecke, so dringt nur wenig Stoßenergie in die Tiefe. In solchen Fällen ist es zweckmäßig, die Verwitterungsdecke zu durchbohren und die Sprengladung einige Meter tief unter dem Grundwasserspiegel anzubringen. Eine wichtige Ergänzung der an der

Erdoberfläche aufgenommenen Seismogramme sind gleichzeitige Messungen in Tiefbohrlöchern. Hierfür hat man besondere Seismographen gebaut, deren Erschütterungsempfänger versenkt werden kann.

In der modernen Sprengseismik wird Wert darauf gelegt, daß man eine größere Zahl von gleichzeitig aufgenommenen Seismogrammen nebeneinander vergleichen kann. Die Geophone

Abb. 82. Meßwagen mit Kabelrollen und ausgelegten Geophonen (Seismos G.m.b.H., Hannover).

werden an vieladrigem Kabel ausgelegt und die Registrierungen auf einem breiten Filmstreifen vereinigt. Ein Registrierwagen mit ausgelegten Geophonen ist in Abb. 82, die in den Wagen eingebaute Registrierapparatur in Abb. 83 zu sehen. Abb. 84 zeigt die Wagen eines seismischen Meßtrupps.

Die Auswertung der aus den Seismogrammen erhaltenen Laufzeitkurven ist in der angewandten Seismik teils einfacher, teils schwieriger als in der Nahbebenforschung. Vereinfachend wirkt der kleine Maßstab, der es in allen Fällen zuläßt, daß man die Krümmung der Erdoberfläche vernachlässigt; vor allem aber tritt erleichternd auf, daß man die Herdtiefe genau kennt und sie nicht

wie bei den Nahbeben als eine oft nur unsicher bestimmbare
Unbekannte in die Berechnungen einführen muß. Erschwerend
wirken oft die vielfältigen Deutungsmöglichkeiten. Während man

Abb. 83. Im Meßwagen eingebauter Registrierapparat zur gleichzeitigen Aufnahme von 32 Seismogrammen (Prakla G.m.b.H., Hannover).

bei der Nahbebenausbreitung nur mit den großen Zügen des
Erdkrustenaufbaues rechnen muß und fast immer damit aus-
kommt, daß man wenige waagerecht gelagerte Schichten mit
ebenen Grenzflächen annimmt, hat man es in der angewandten
Seismik sehr oft mit einer größeren Zahl von Schichten, mit

geneigten und senkrechten Grenzflächen und mit Verwerfungs-
stufen zu tun. Auch das Relief der Erdoberfläche übt einen Einfluß auf die Laufzeiten aus, die in höhergelegenen Stationen des
längeren Weges wegen größer sind als in tiefergelegenen.

Bei den seismischen Aufschlußarbeiten verwendet man zwei
Laufzeitverfahren, die man als Refraktionsmethode[1] und Reflexionsmethode[1] bezeichnet.

Das ältere *Refraktionsverfahren* entspricht der Nahbebenseismik
und benutzt wie diese die direkte, in der Oberschicht gelaufene

Abb. 84. Fahrzeuge eines seismischen Meßtrupps. Von links nach
rechts: Truppführerwagen, Sprengmeisterwagen, Meßwagen, Bohr-
wagen, Wasserwagen (Prakla G.m.b.H., Hannover).

Welle und eine Tiefenwelle, die von der Grenzfläche gebrochen
und deren Unterseite entlanggelaufen ist. Ein Beispiel wird das
Verfahren am besten erläutern. Bei seismischen Arbeiten in der
Nähe von Dobrilugk[2] sollte die Mächtigkeit der Tertiärbedeckung
über der Karbonoberfläche[3] festgestellt werden. Abb. 85 zeigt
die Seismogramme, Abb. 86 die aus diesen Seismogrammen ge-
wonnenen Laufzeitkurven und darunter das aus den Laufzeitkurven abgeleitete Profil. Deutlich sind die Einsätze a und b
zu erkennen, die sich genau so verhalten wie die $\overline{P}$- und P^{*}-Ein-
sätze der Nahbeben. Da die Karbonoberfläche an dieser Stelle

---

[1] Refraktion = Brechung, Reflexion = Spiegelung.
[2] Zwischen Berlin und Dresden.
[3] Tabelle der erdgeschichtlichen Formationen bei *W. von Seidlitz*, Bau
der Erde, Verständliche Wissenschaft Bd. 17, S. 144.

fast horizontal liegt, ist die Auswertung verhältnismäßig einfach. Die Neigungen der Laufzeitkurven geben unmittelbar die

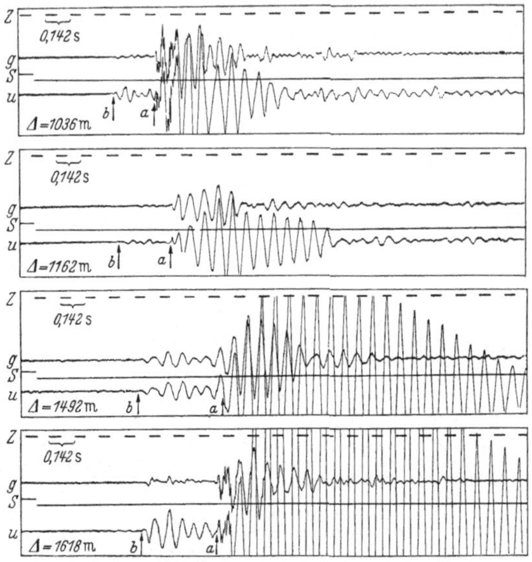

Abb. 85. Seismogramme von Dobrilugk. Nach *H. Reich*. Z = Zeitmarken; S = Registrierung des Sprengmoments; g = gedämpfter Seismograph; u = ungedämpfter Seismograph; Δ = Entfernung von der Sprengstelle; zuerst Karboneinsatz *(b)*, dann Tertiäreinsatz *(a)*.

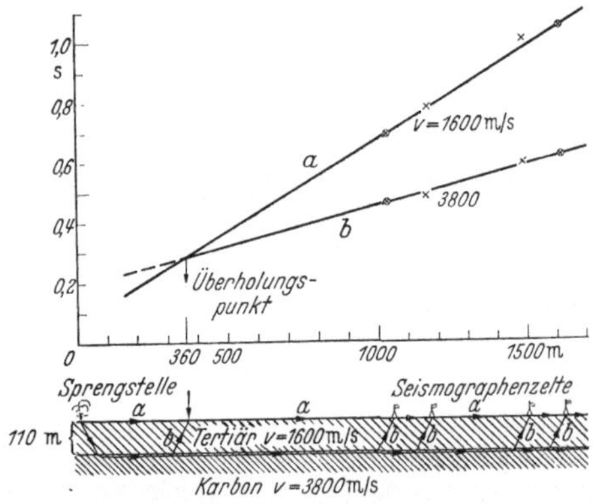

Abb. 86. Laufzeitkurven und Profil bei Dobrilugk. Berechnet aus den Einsätzen der Seismogramme von Abb. 85 (eine dünne Oberflächenschicht mit sehr geringer Geschwindigkeit ist vernachlässigt).

Fortpflanzungsgeschwindigkeiten in den beiden Schichten, und die Herdentfernung des Überholungspunktes liefert nach kurzer Rechnung die Schichtdicke der Tertiärbedeckung.

Sehr eindrucksvoll zeigt Abb. 87 an einer Folge neuzeitlicher Refraktionsseismogramme, wie sich die verschiedenen Einsätze herausheben und bei geschickter Gruppierung der Aufzeichnungen die Gestalt der Laufzeitkurven unmittelbar erkennen lassen.

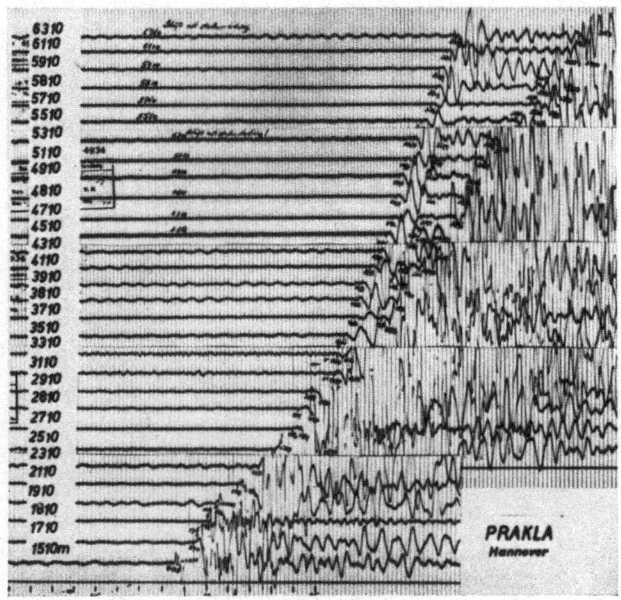

Abb. 87. Neuzeitliche Refraktionsaufnahme einer in der Oberkreide gelegenen Schicht mit großer Fortpflanzungsgeschwindigkeit. Sprengmoment = linkes Ende der unten eingezeichneten Zeitskala, Abstand der Zeitmarken in den Seismogrammen 0,02 Sekunden, der gezeichneten Skalenstriche 0,1 Sekunden. Zahlen am Rand: Herdentfernung in Metern. (Prakla G.m.b.H., Hannover.)

Nicht so einfach liegen die Verhältnisse, wenn geneigte Grenzflächen vorkommen (Abb. 88). Hier gibt die Laufzeitkurve der *b*-Einsätze nicht mehr unmittelbar die Fortpflanzungsgeschwindigkeit in der Unterschicht an, sondern ist von der Neigung der Grenzfläche beeinflußt. Dieser Einfluß wirkt sich anders aus, wenn die Tiefenwelle mit der Grenzfläche ansteigt, als wenn sie mit der Grenzfläche hinabläuft. Es ist notwendig, auf beiden Seiten des Profils zu beobachten. Dann können Fortpflanzungs geschwindigkeit und Neigungswinkel aus den beiden Laufzeit-

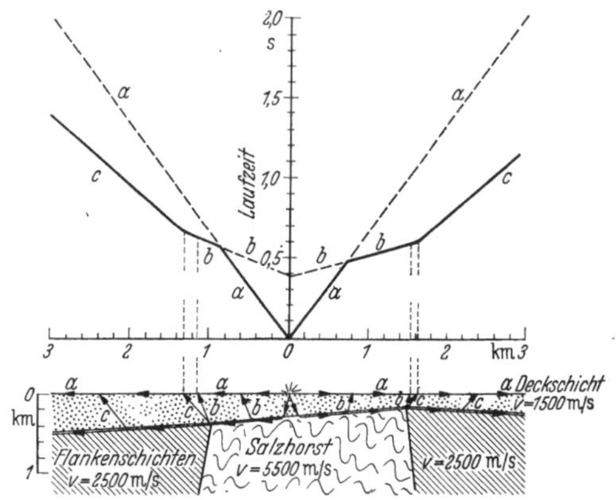

Abb. 88. Seismisches Profil über einem Salzhorst.

kurven der *b*-Einsätze berechnet werden. Da man von einem einzelnen Profil nicht weiß, ob es mit der Richtung größter Neigung zusammenfällt, muß man zur vollständigen Untersuchung der Neigungsverhältnisse entweder in mehreren Parallelprofilen oder auf zwei sich kreuzenden Profilen messen. Wie sich steile und senkrechte Grenzflächen in den Laufzeitkurven auswirken, ist in den Abb. 88 und 59 (S. 94) zu sehen.

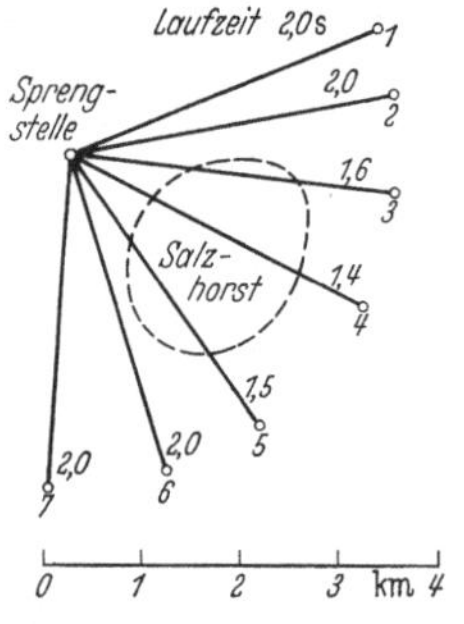

Diese *Profilmessungen* dienen zur Aufklärung von Einzelheiten der Untergrundschichtung und können erst angesetzt werden, wenn man aus geologischen Untersuchungen oder seismischen Übersichtsmessungen bereits einige Kenntnis von den Strukturverhältnissen

Abb. 89. Fächerschießen.

hat. Eine wichtige Methode der Übersichtsmessung ist das *Fächerschießen*. Sie dient zur Erkundung steil aufragender, örtlich begrenzter Gesteinskörper, die den normalen Schichtenverband

pfeilerartig durchsetzen. In Abb. 89 ist angenommen, daß ein
Salzhorst aufgesucht werden soll, in dem die Fortpflanzungsgeschwindigkeit größer als in seinen Nachbargesteinen ist. Dann
wird eine Sprengung in der Nähe des vermuteten Salzhorstes angesetzt, und man baut einige Seismographen in fächerförmiger
Anordnung so auf, daß der Salzhorst — wenn er sich wirklich
nahe der angenommenen Stelle befindet — zwischen dem Sprengort und einigen der Seismographen zu liegen kommt. Kürzere
Laufzeiten der Tiefenwelle geben den Salzhorst zu erkennen.
Wenn es nötig ist, wird das Fächerschießen noch von anderen
Seiten wiederholt, bis der Grundriß des Salzhorstes so weit bekannt ist, daß man mit Profilmessungen beginnen kann.

Aus den seismisch bestimmten Fortpflanzungsgeschwindigkeiten kann man auf die Gesteinsarten schließen, wenn man die
Geschwindigkeiten in den verschiedenen Gesteinen kennt. Zu
ihrer Bestimmung hat man zwei Methoden: seismische Feld-
messungen an bekanntem Objekt und Untersuchung von Gesteins-
proben im Laboratorium. Je nach der Zerklüftung, der Schiefe-
rung, der Porosität und der Durchfeuchtung kann die Fortpflanzungsgeschwindigkeit in Gesteinen von gleichem stofflichem
Aufbau sehr verschieden sein, und es können in sehr verschiedenen
Gesteinen gleiche Fortpflanzungsgeschwindigkeiten auftreten.

Mit seismischen Beobachtungen
ermittelte Fortpflanzungsgeschwindigkeiten. Nach *H. Reich*

Künstliche Aufschüttungen.	0,3—0,4 km/sec
Trockener Sand, Löß, Verwitterungsboden	0,3—0,8 ,,
Nasser Sand und Löß	1,0—1,3 ,,
Glaziale Sande, Mergel, Tone	1,6—1,9 ,,
Tertiäre Tone	2,0—2,2 ,,
Weiche Mergel und weiche Kreide	2,1—2,6 ,,
Unveränderte mesozoische Sandsteine	2,2—3,0 ,,
Mergelsteine und Tonsteine	2,6—4,5 ,,
Paläozoische Tonschiefer, Grauwacken, Quarzite	3,0—5,0 ,,
Steinsalz der Salzhorste	4,5—5,5 ,,
Kalksteine und Dolomit	4,0—6,0 ,,
Anhydrit.	5,0—6,0 ,,
Kristalline Schiefer (Gneis usw.)	4,0—6,0 ,,
Granit und andere Tiefengesteine	5,0—6,0 ,,
Wasser	um 1,4 ,,
Gletscher (Firneis)	3,1 ,,
Gletscher (Zungeneis)	3,5—3,6 ,,

An gut ausgeprägten Grenzflächen treten die Reflexionen der Verdichtungswellen deutlich auf, und es können in diesen Fällen die *Reflexionsmethoden* mit Vorteil verwendet werden. Man kommt bei ihnen mit geringeren Sprengladungen und Herdentfernungen aus als bei der Refraktionsmethode; man erhält im Ergebnis die örtliche Tiefe und Neigung der spiegelnden Fläche an der Reflexionsstelle und nicht einen Mittelwert über größere Entfernungen wie bei der Benutzung des unter der Grenzfläche entlang-

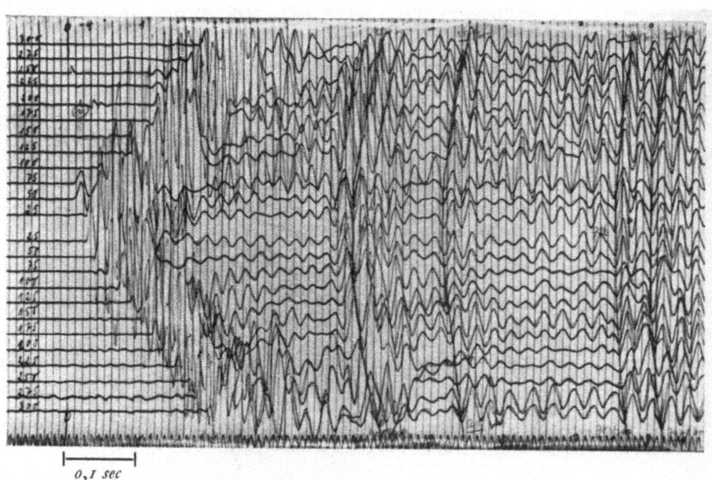

Abb. 90. Eine Serie von Reflexionsseismogrammen ($^2/_7$ der nat. Größe). (Seismos G.m.b.H., Hannover.)

gelaufenen Strahles. Man hat es nur mit der Fortpflanzungsgeschwindigkeit in der Oberschicht zu tun; die elastischen Verhältnisse der Unterschicht sind nur soweit von Bedeutung, als es von ihnen abhängt, welcher Teil der einfallenden Energie zurückgeworfen wird. Die Einsätze der reflektierten Welle treffen an allen Seismographen des kurzen Profils nahezu gleichzeitig ein und lassen sich hierdurch auch in solchen Seismogrammen verhältnismäßig leicht erkennen, in denen andere Einsätze stark sind. Die schärfsten Grenzflächen findet man zwischen Gestein und Eis, und es bilden sich dort die deutlichsten Reflexionen aus. Die Reflexionsmethoden haben sich erstmalig bei Dickenmessungen an Gletschern in den Alpen und auf dem Inlandeis von Grönland bewährt.

142

Eine Serie von Reflexionsseismogrammen der Gesteinsseismik
zeigt Abb. 90. Zur Zeitmarkierung ist das Blatt mit senkrechten
Strichen bedeckt, deren Abstand einem Zeitintervall von 0,01 Sekunden entspricht; außerdem sieht man unten die Aufzeichnung
einer Stimmgabelschwingung von gleicher Periode. Die 24 Geophone waren in gerader Linie aufgestellt, der Sprengpunkt lag
in ihrer Mitte. Der erste Einsatz stammt von der direkten, beim

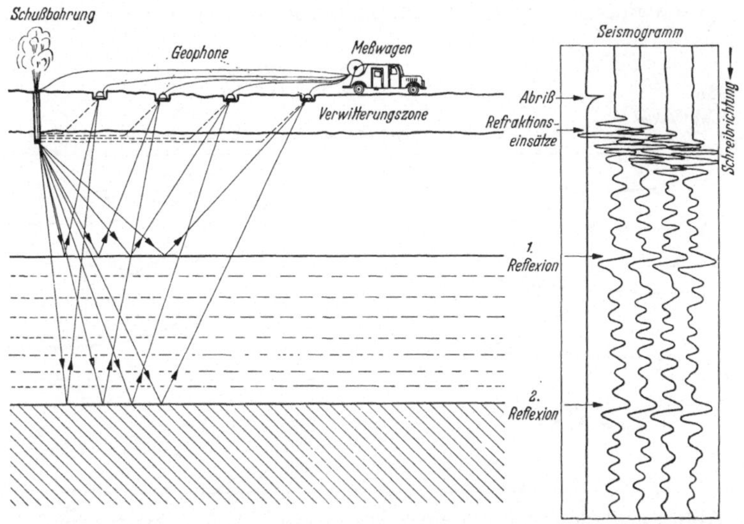

Abb. 91. Prinzip der Reflexionsseismik. Links: Verlauf der Stoßstrahlen. Rechts: Zuordnung der Seismogrammeinsätze zu den
reflektierenden Grenzflächen. Nach Prakla G.m.b.H., Hannover.

Eintritt in die Verwitterungsschicht nach oben gebrochenen
Welle; es ist deutlich zu sehen, wie er bei wachsender Herdentfernung immer später ankommt. Die folgenden, mit eingezeichneten Strichen hervorgehobenen Einsätze bezeichnen die Ankunft
der an den Grenzflächen in der Tiefe gespiegelten Bewegungen.
Bei den frühen Reflexionseinsätzen ist noch eine Abhängigkeit
der Laufzeit von der Herdentfernung erkennbar, sie wird fortlaufend kleiner, je später der Einsatz auftritt, d. h. in je größerer
Tiefe die Bewegung zurückgeworfen wird. Der Verlauf der Stoßstrahlen und die Zuordnung der Seismogrammeinsätze zu den
Grenzflächen ist in Abb. 91 dargestellt.

Wenn man die Fortpflanzungsgeschwindigkeit in den verschiedenen Schichten kennt, können Lage und Neigung der spiegelnden Grenzflächen ermittelt werden, und zwar fortlaufend, wenn die Sprengpunkte dicht genug liegen und die Reflexionseinsätze in den Seismogrammen sicher erkennbar sind. Die Ergebnisse pflegt man sehr anschaulich in Vertikalschnitten, sogenannten Profilen, zusammenzustellen (Abb. 92). Zur Ermittlung der Fortpflanzungsgeschwindigkeiten kann man Refraktionsmessungen vornehmen.

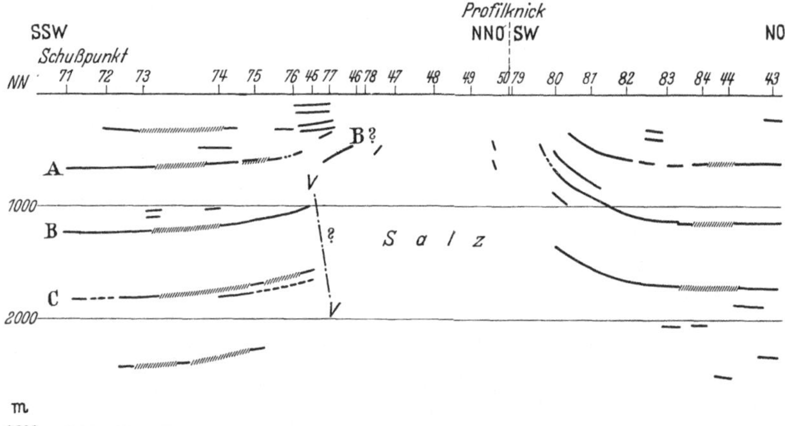

Abb. 92. Reflexionsprofil eines Salzhorstes. *A, B, C* seismische Leithorizonte, die besonders gut reflektieren, $V \cdot — \cdot — \cdot V$ wahrscheinliche Verwerfung. Im Salz keine Reflexionen (Seismos G.m.b.H., Hannover).

Noch besser ist es, wenn man Gebiete mitvermessen kann, in denen man die Grenzflächentiefen aus Tiefbohrungen schon kennt.

In den letzten Jahren hat man begonnen, in Bergwerken reflexionsseismisch zu messen. Diese *Untertageseismik* hat ihre eigenen Probleme. Den geringen Herdentfernungen entsprechen kurze Laufzeiten, die besonders genau gemessen werden müssen. Die ungünstigen Raumverhältnisse bringen es mit sich, daß man die Apparate nur selten so anordnen kann, wie es für den Untersuchungszweck am besten wäre. Da reflektierende Flächen auf allen Seiten liegen können, muß man mit geschicktem Wechsel der Aufstellung die Vielzahl der Deutungsmöglichkeiten vermindern. Zur Auswertung dienen besondere raumgeometrische Verfahren.

144

Die rein seismischen Untersuchungen geben Grenzflächen und Fortpflanzungsgeschwindigkeiten, können aber über die Natur der Gesteinsschichten weiter nichts aussagen. Oft ist aus geologischen Untersuchungen bekannt, welche Schichten allein in Frage kommen. Ist dies nicht der Fall, so kann man durch Anwendung anderer geophysikalischer Aufschlußverfahren, z. B. von Schwerkraftmessungen und erdmagnetischen Messungen, die Auswahl an Deutungsmöglichkeiten erheblich einschränken. Schließlich bringen Tiefbohrungen die Entscheidung. Durch die Ausführung geophysikalischer Messungen wird die Zahl der notwendigen Tiefbohrungen vermindert und die zur Aufsuchung von Lagerstätten benötigte Zeit herabgesetzt. Hierauf beruht der große wirtschaftliche Nutzen. Ganz ersetzen lassen sich die Tiefbohrungen nicht.

Neben der geophysikalischen Lagerstättenforschung hat sich ein weiteres Anwendungsgebiet der Erdbebenforschung entwickelt: die *Baugrunduntersuchung*. Hier kommt man mit ganz geringen Energien aus und verwendet mit Vorteil gleichmäßige Schwingungsfolgen, die dem Untergrund von einer Schwingungsmaschine aufgezwungen werden. Man hat entdeckt, daß eine enge Beziehung zwischen der Fortpflanzungsgeschwindigkeit regelmäßiger Schwingungen und der zulässigen Bodenpressung besteht. Dieser Zusammenhang ist die Grundlage der praktischen Anwendung[1].

Echolot und Luftseismik

In Übertragung der seismischen Reflexionsmethode mißt man die Meerestiefe mit dem *Echolot*. Das Prinzip ist einfach. Ein vom Schiff ausgehendes Schallsignal — Explosion eines Knallkörpers (Abb. 93) oder Impulse eines

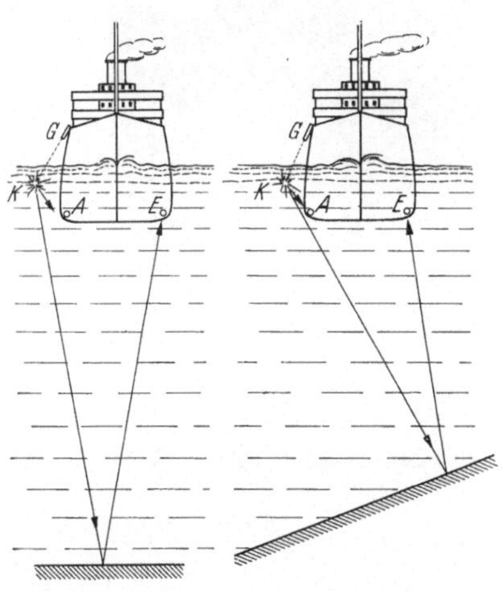

Abb. 93. Schallbahnen beim Echolot. G = Geber; K = Knallpunkt; A = Abgangsmikrophon; E = Echomikrophon.

---

[1] Näheres bei *G. Angenheister* (s. Literaturverzeichnis).

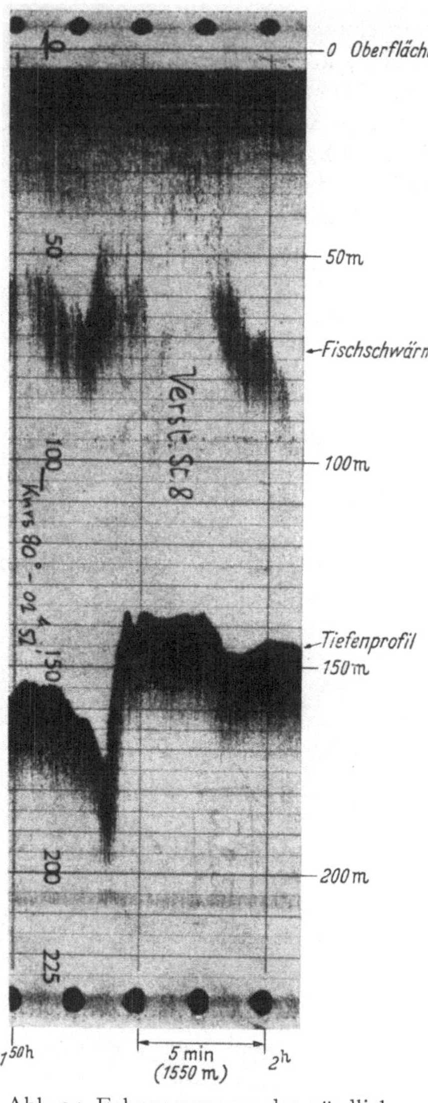

Abb. 94. Echogramm aus der nördlichen Nordsee (0°30′ W, 59°10′ N). Aufgenommen vom Forschungsschiff Gauß des Deutschen Hydrographischen Instituts mit einem Atlas-30 kHz-Registrierlot.

eingebauten Ultraschallsenders — werden am Meeresgrund zurückgeworfen. Der direkte Schall wird vom Abgangsmikrophon A, der zurückgeworfene vom Echomikrophon E aufgenommen. Bei bekannter Schallgeschwindigkeit ist der Zeitunterschied ein Maß für die Meerestiefe. Einige Schwierigkeiten bereiten geneigte Meeresböden. Läßt man die Neigung außer acht, so berechnet man einen zu kleinen Tiefenwert. Um die Neigung zu bestimmen, muß man in mehreren Profilen messen.

Man kann die Schalleinsätze registrieren (Abbildung 94) und erhält nach Auswertung der Echogramme wichtige Ergebnisse für die morphologische und biologische Forschung. Der praktischen Schiffsführung kommt es darauf an, während der Fahrt die augenblickliche Meerestiefe fortlaufend festzustellen. Zu diesem Zweck gibt es verschiedene Apparate, die bei sehr einfacher Bedienung allen Ansprüchen der Praxis genügen. Sie messen die Zeit an der Drehung einer rotierenden Scheibe.

Beim viel gebrauchten *Atlas-Lot*[1] besteht die Anzeigevorrichtung im wesentlichen aus einem auf der Scheibe radial angebrachten Leuchtrohr, das bei der Echoankunft hinter einer festen, auf Milchglas angebrachten Kreisskala aufleuchtet. Am Ort des Aufleuchtens wird die Tiefe abgelesen.

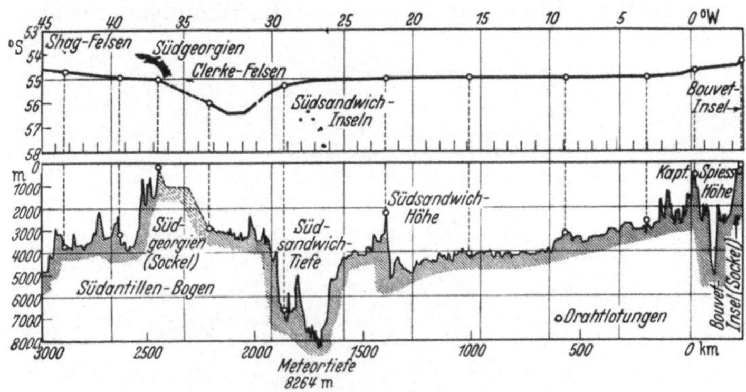

Abb. 95. Südlichstes West-Ost-Profil der deutschen atlantischen Meteor-Expedition, Mitte und östlicher Teil (1926). Auf das dargestellte Gebiet fallen 1860 Echolotungen.

Seit der Entwicklung der Echolote ist man imstande, das Relief des Meeresgrundes mit seinen vielfältigen Einzelheiten so vollständig auszumessen, wie es mit den zeitraubenden Drahtloten nie möglich wäre. Ein Profil von der deutschen südatlantischen Meteor-Expedition zeigt Abb. 95.

Einige Nebenuntersuchungen verlangt die Schallgeschwindigkeit im Meerwasser. Sie ist von Temperatur und Salzgehalt abhängig, und es ist nötig, diese Bestimmungsstücke in nicht zu großen Abständen auf Ankerstationen zu messen. Die Schallgeschwindigkeit ändert sich mit der Tiefe, wie es die nebenstehende Zusammenstellung von einer

Tiefe m	Schallgeschw.- m/sec
0	1505,4
100	1503,7
200	1490,5
300	1480,7
400	1476,3
500	1475,2
600	1475,0
700	1476,2
800	1477,0

Station der Meteor-Expedition zeigt (Station 71; 34,8°S, 18,1°O). Die Skalen der Echolote sind für eine mittlere Schallgeschwindigkeit

---

[1] Atlas-Werke, Bremen.

eingerichtet. Weicht die wirkliche Schallgeschwindigkeit von dieser
mittleren ab, so sind Korrektionsrechnungen auszuführen und
deren Ergebnisse an den Ablesungen anzubringen.

Man hat die Methoden der Fernbebenforschung auf die Schall-
ausbreitung in der Atmosphäre übertragen und diese akustische
Methode als *Luftseismik* bezeichnet. Bei großen Explosionen und
Sprengungen hat man beobachtet, daß es außer dem Gebiet
der normalen Hörbarkeit in größeren Entfernungen noch ein

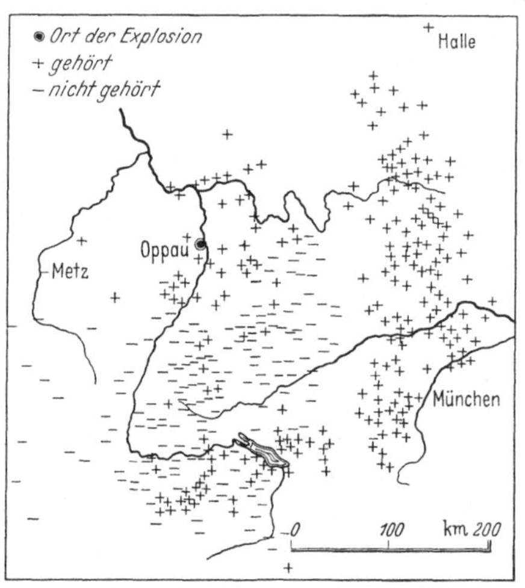

Abb. 96. Hörbarkeit der Explosion von Oppau, 21. September 1921.
Nach *de Quervain*.

Hörbarkeitsgebiet gibt, das mehr oder weniger ringförmig ausgebildet und von dem inneren Hörbarkeitsgebiet durch eine oft
sehr ausgeprägte *Zone des Schweigens* getrennt ist (Abb. 96 und 97).
Manchmal hat man noch eine zweite Zone des Schweigens und
eine dritte Hörbarkeitszone festgestellt. Man kann diese Erscheinung nur damit deuten, daß ein beträchtlicher Teil der Schall-
energie in der Nähe des Herds vom Boden abgehoben und in
größerer Entfernung wieder zum Erdboden hinabgeführt wird
und dieser Vorgang sich gelegentlich noch einmal wiederholt.

Zur Aufzeichnung der Schallwellen hat man verschiedene Apparate gebaut. Die einfachsten sind in Abb. 98 schematisch dargestellt.

148

Ihr Aufbau ähnelt dem menschlichen Ohr, wobei ein leichtbeweglicher Kolben oder eine Membran dem Trommelfell entspricht.

Während man aus einfachen Hörbeobachtungen nur die Grenzen der Hörbarkeitsgebiete und die ungefähre Zeit der Schall-

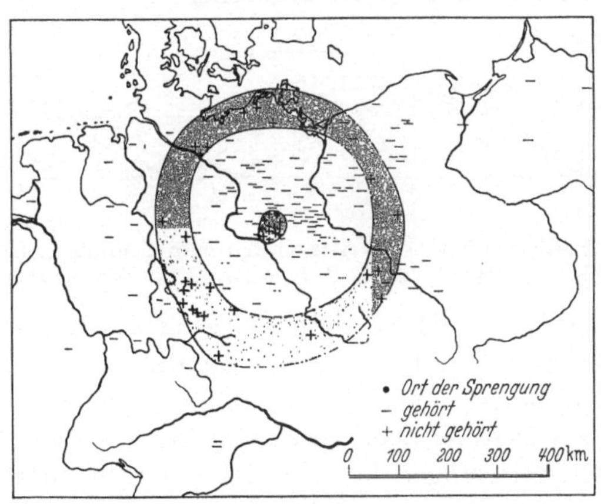

Abb. 97.   Hörbarkeit der Sprengungen in Jüterbog, 26. Juni 1926. Nach *P. Duckert*.

ankunft feststellen kann, dienen die instrumentellen Aufzeichnungen wie bei den Erdbeben zur Aufstellung von Laufzeitkurven und zur genauen Erforschung des Ausbreitungsvorganges. Aus den Laufzeiten werden die Schallbahnen (Abb. 99) und Fortpflanzungsgeschwindigkeiten (Abb. 100) in der höheren Atmosphäre berechnet, nachdem man die Geschwindigkeiten und Wege in der unteren Atmosphäre aus meteorologischen Beobachtungen abgeleitet hat.

Trotz mancher noch unsicheren Einzelheiten ist klar erkannt,

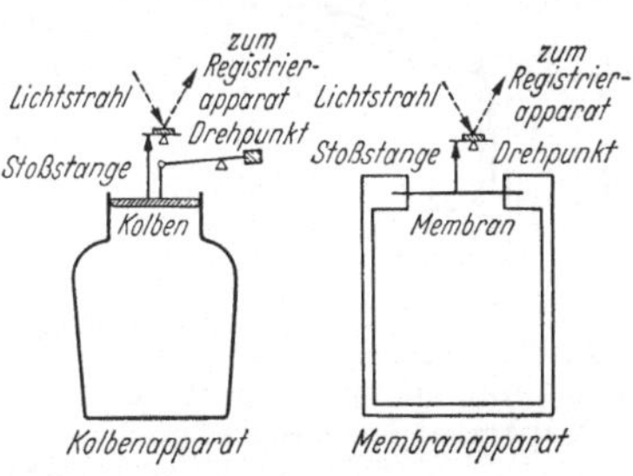

Abb. 98.   Prinzip der Schallempfänger von *Wiechert*.

daß man im wesentlichen drei Schichten in dem von den Schallbahnen durchsetzten Teil der Atmosphäre unterscheiden kann. In der untersten, der *Troposphäre*, nimmt die Schallgeschwindigkeit nach oben hin ab. Dann kommt die *untere Stratosphäre*, in der sich die Schallgeschwindigkeit nicht wesentlich mit der Höhe ändert. In der *oberen Stratosphäre* jedoch tritt eine starke Geschwindigkeitszunahme mit der Höhe ein. Sie veranlaßt die Umkehr der Schallbahnen zur Erdoberfläche.

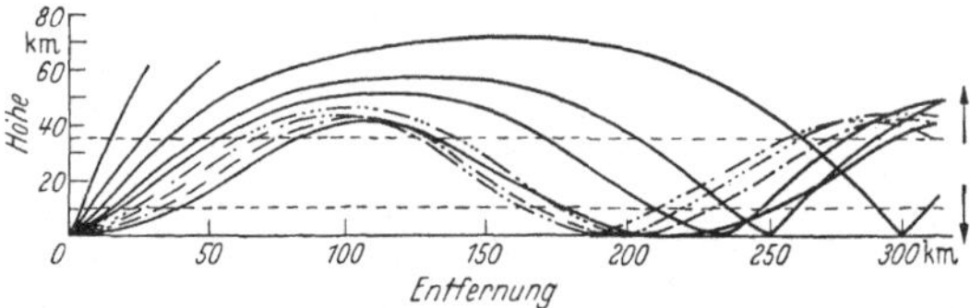

Abb. 99. Schallbahnen in der Atmosphäre im Sommer. (Im Winter liegen die Scheitel tiefer.) Nach *B. Gutenberg*. ↑↓ Temperaturzunahme.

Bis hierher führen die Ergebnisse der auf das Luftmeer übertragenen Erdbebenforschung. Nun hat der Meteorologe eine Erklärung der beobachteten Erscheinungen zu suchen.

Aus den zur Zeit der Schallsprengung ausgeführten Temperatur- und Windmessungen kann man die Schallgeschwindigkeit in der Troposphäre berechnen. Die Schallgeschwindigkeit in der unteren Stratosphäre entspricht den Temperaturen, die man bei hohen Ballonaufstiegen festgestellt hat. Es liegt also nahe, auch die Geschwindigkeitszunahme in der oberen Stratosphäre als Temperaturwirkung zu deuten. Hierbei kommt man auf recht hohe Temperaturen und ist zu der Annahme gezwungen, daß die Luft in den Höhen der Schallumkehr sogar wärmer ist als an der Erdoberfläche (Abb. 100). Über die Zustände in noch größeren Höhen kann die Luftseismik keine Auskunft geben.

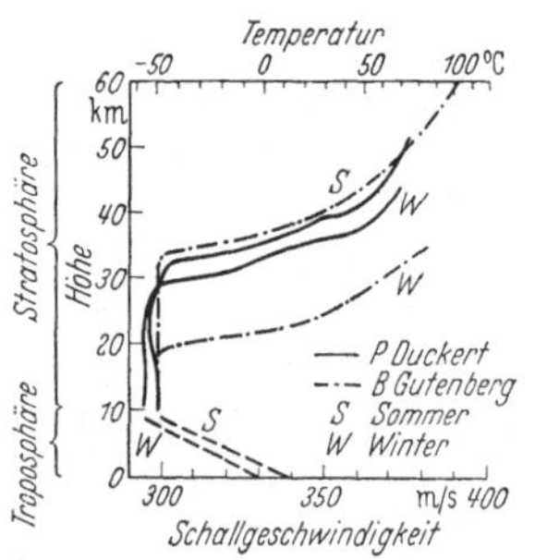

Abb. 100. Schallgeschwindigkeit und aus ihr ermittelte Temperatur der Atmosphäre.

Die hohen Temperaturen in der oberen Stratosphäre kamen den Forschern anfangs sehr unwahrscheinlich vor, und man hat auf verschiedene Weise versucht, die Annahme einer warmen Luftschicht zu umgehen. Man dachte an Wind, an leichte Gase und an eine Umwandlung der gewöhnlichen Schallwellen in schnellere

Stoßwellen. Mit Wind jedoch könnte man nur einseitig ausgebildete, aber keine ringförmigen äußeren Hörbarkeitsgebiete erklären, die Annahme sehr leichter Gase läßt sich nicht mit dem an der Erdoberfläche gemessenen Luftdruck in Übereinstimmung bringen, und zur Umwandlung in Stoßwellen reicht die Energie der in die obere Stratosphäre eindringenden Schallwellen nicht aus. Hohe Temperaturen schienen noch am wahrscheinlichsten zu sein; sie wurden in den letzten Jahren bei Raketenversuchen nachgewiesen (Abb. 101).

Nun bleibt noch zu erklären, wie die hohen Temperaturen in der Stratosphäre zustande kommen können. Es muß dort ein Stoff vorhanden sein, der die Energie der Sonnen- und Himmelsstrahlung aufnimmt, bei sich behält und zur Erhöhung seiner Temperatur verwendet. Wahrscheinlich handelt es sich um *Ozon*[1], dessen Anwesenheit in der oberen Atmosphäre aus Beobachtungen der Sonnenstrahlung folgt und gleichfalls bei Raketenversuchen bestätigt wurde. Das Ozon spielt eine wichtige Rolle im Strahlungshaushalt der Natur. Es verschluckt den kurzwelligsten Teil des Sonnenlichtes von bestimmten ultravioletten Wellenlängen

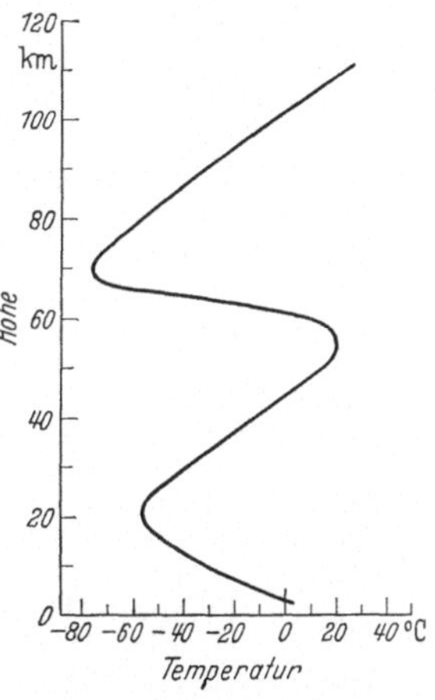

Abb. 101. Lufttemperatur über White Sands, New Mexiko. Mittel aus Raketenversuchen vom 7. März 1947, 22. Januar 1948, 5. August 1948.

an und sorgt dafür, daß das Leben auf der Erde nicht an dieser gefährlichen Strahlung zugrunde geht.

Ausgehend von ihrem engeren Forschungsbereich, der mit den Arbeiten des Ingenieurs, des Geologen, des Bergmannes und des Chemikers in enger Beziehung steht, ist die Erdbebenkunde mit Echolot und Luftseismik in die scheinbar weit abliegenden Arbeitsgebiete des Ozeanographen, des Meteorologen, des Strahlungsforschers und des Biologen eingedrungen. Ihre Entwicklung zeigt eindrucksvoll, wie ein ursprünglich begrenzter

---

[1] Ozon = dreiatomige Modifikation des Sauerstoffs, O_3. (Gewöhnliches Sauerstoffmolekül: O_2.)

Forschungszweig sich in folgerichtiger Ausgestaltung zu einer umfassenden Wissenschaft erweitert, die vielseitige Anregungen gibt und empfängt und überraschende Zusammenhänge aufdeckt. Natur und Gegenstand der Erdbebenforschung bringen es mit sich, daß sie immer wirklichkeitsnah bleibt, und ihre Lebensnähe hat sich in wirtschaftlich wichtigen Anwendungen erwiesen. Die Erdbebenforschung verdient es, in weiten Kreisen bekannt und geachtet zu werden.

Einige Literatur

August Sieberg, Geologische, physikalische und angewandte Erdbebenkunde. (Mit Beiträgen von *B. Gutenberg*.) Jena: Gustav Fischer 1922.

August Sieberg, Erdbebenforschung und ihre Verwertung für Technik, Bergbau und Geologie. Jena: Gustav Fischer 1933.

Handbuch der Geophysik Band 4. Berlin: Gebr. Borntraeger 1932.

Lehrbuch der Geophysik. Herausgegeben von *B. Gutenberg*. Berlin: Gebr. Borntraeger 1929.

Akitune Imamura, Theoretical and Applied Seismology. Tokyo: Maruzen & Co. 1937.

K. E. Bullen, Introduction to the theory of Seismology. Cambridge: University Press 1947.

B. Gutenberg and *C. F. Richter*, Seismicity of the earth. Princeton, New Yersey: Princeton University Press 1949.

B. Gutenberg und *C. F. Richter*, Erdbebengeographie und Dynamik der Erdkruste. Die Naturwissenschaften 35, 196—202, (1948).

The Great Earthquake of 1923 in Japan. Compiled by the Bureau of Social Affairs, Home Office, Japan 1926. 2 Bde (2 Bd.: Kartenband).

W. Hiller, Die Erdbebentätigkeit in Südwestdeutschland. Die Naturwissenschaften 35, 58—60 (1948).

W. Hiller, Das oberschwäbische Erdbeben am 27. Juni 1935. Württ. Jahrbücher für Statistik und Landeskunde, Jahrg. 1934/35, 209 — 226. Stuttgart 1936.

W. Hiller, Erdbebenherde und Tektonik im Gebiet der Schwäbischen Alb. Zeitschrift für Geophysik 11, 15—19 (1935).

August Sieberg, Beiträge zur erdbebenkundlichen Bautechnik und Bodenmechanik. Veröff. d. Reichsanstalt f. Erdbebenforschung, Heft 29. Berlin: Reichsverlagsamt 1937.

Rudolf Briske, Der Einfluß des Baugrundes auf die Erdbebenerschütterungen. Bautechn. 11, 239—243 u. 261—264 (1933).

Rudolf Briske, Gemeinschaftliche Arbeit zwischen Seismologen und Baufachmann zur Verringerung von Erdbebenschäden. Z. Geophysik 4, 219—225 (1928).

Emil Wiechert, Theorie der automatischen Seismographen. Abh. d. Ges. d. Wissenschaften zu Göttingen, Math.-nat. Klasse, Neue Folge Bd. II (1903) 1. T. (Erfordert mathematische Vorbildung.)

E. Wiechert, K. Zoeppritz, L. Geiger, B. Gutenberg, Über Erdbebenwellen. I—VIIb. Mehrere Abhandlungen. Nachr. d. Ges. d. Wissenschaften zu Göttingen, math.-phys. Klasse, 1907—1919. (Erfordert mathematische Vorbildung.)

G. *Angenheister*, Bodenschwingungen. In Ergebnisse der exakten Naturwissenschaften Bd. 15. Berlin: Julius Springer 1936.

G. *Angenheister*, Bodenschwingungen sinusförmiger Erregung. Abh. d. Ges. d. Wissenschaften zu Göttingen, Math.-nat. Klasse, III. Folge (1937) H. 18.

G. *A. Schulze* und *O. Förtsch*, Die seismischen Beobachtungen bei der Sprengung auf Helgoland am 18. April 1947 zur Erforschung des tiefen Untergrundes. Geologisches Jahrbuch 64, 204—242 (1950).

H. *Reich*, Geologische Ergebnisse der seismischen Beobachtung der Sprengung auf Helgoland. Geologisches Jahrbuch 64, 243—266 (1950).

O. *Förtsch*, Analyse der seismischen Registrierungen der Großsprengung bei Haslach im Schwarzwald am 28. April 1948. Geologisches Jahrbuch 66, 65—80 (1951).

Hermann Reich, Angewandte Geophysik für Bergleute und Geologen. 2 Bde. Leipzig: Akademische Verlagsgesellschaft 1933 u. 1934

Hans Haalck, Lehrbuch der angewandten Geophysik. Berlin: Gebr. Borntraeger 1934. 2. Auflage 1953 (2 Teile; bis jetzt nur Teil I erschienen.

Taschenbuch der angewandten Geophysik. Herausgegeben von *H. Reich* und *R. v. Zwerger*. Leipzig: Akademische Verlagsgesellschaft 1943).

M. *B. Dobrin*, Introduction to geophysical prospecting. New York, Toronto, London: McGraw-Hill Book Company 1952.

Sachverzeichnis